# 工业水环境监管契约机制研究
## ——以富春江流域造纸企业为例

赵爽　傅菁菁　贺瑞敏　黄滨　施家月　著

中国水利水电出版社
www.waterpub.com.cn
·北京·

## 内 容 提 要

本书针对工业水环境监管的理论和应用开展研究。首先,针对我国流域水污染形势及监管现状,提出工业水环境监管存在的关键问题。其次,分析监管相关利益主体的委托-代理关系,构建政府与企业间的不完全信息动态博弈模型。进而,提出基于契约关系的水环境监管模式,设计激励-约束-监督机制,建立工业水环境监管契约的企业参与约束模型、最优契约模型,以及基于互惠性偏好理论的契约机制设计模型,并建立中央-地方-公众合作的工业水环境监管体系及保障机制。最后,针对富春江流域及其所在地水环境治理概况,设计其造纸企业水环境监管契约机制,构建中央-地方-公众合作的富春江流域工业水环境监管体系,并提出对策建议。

本书适用于环境保护、水污染治理等相关从业人员,也可供高校相关专业师生参考使用。

### 图书在版编目(CIP)数据

工业水环境监管契约机制研究 : 以富春江流域造纸企业为例 / 赵爽等著. -- 北京 : 中国水利水电出版社, 2018.6
ISBN 978-7-5170-6711-5

Ⅰ. ①工… Ⅱ. ①赵… Ⅲ. ①造纸工业-工业废水- 废水处理-研究-浙江 Ⅳ. ①X793.03

中国版本图书馆CIP数据核字(2018)第175363号

| 书 名 | 工业水环境监管契约机制研究<br>——以富春江流域造纸企业为例<br>GONGYE SHUIHUANJING JIANGUAN QIYUE JIZHI YANJIU<br>——YI FUCHUNJIANG LIUYU ZAOZHI QIYE WEILI |
|---|---|
| 作 者 | 赵 爽 傅菁菁 贺瑞敏 黄 滨 施家月 著 |
| 出版发行 | 中国水利水电出版社<br>(北京市海淀区玉渊潭南路1号D座 100038)<br>网址:www.waterpub.com.cn<br>E-mail:sales@waterpub.com.cn<br>电话:(010)68367658(营销中心) |
| 经 售 | 北京科水图书销售中心(零售)<br>电话:(010)88383994、63202643、68545874<br>全国各地新华书店和相关出版物销售网点 |
| 排 版 | 中国水利水电出版社微机排版中心 |
| 印 刷 | 北京中献拓方科技发展有限公司 |
| 规 格 | 184mm×260mm 16开本 6.5印张 154千字 |
| 版 次 | 2018年6月第1版 2018年6月第1次印刷 |
| 印 数 | 001—500册 |
| 定 价 | 32.00元 |

# 前　言

　　水环境污染严重制约了我国经济社会的可持续发展，尤其是经济活动中的工业生产废水已经成为水环境污染的主要来源。面对日益严峻的污染态势，中央乃至地方不仅出台了很多工业水污染防治措施，如制定排污标准、收取排污税费、进行环境补贴、推行水污染物排污权交易等，还加大了查处力度。这些工业水污染防治措施在很大程度上是由于当时的工业水环境监管失灵而颁布的，工业水环境监管是环境保护管理的核心内容。

　　我国的工业水环境监管是统一监管与分级、分部门监管相结合的形式，其中地方政府和排污企业是最直接的参与主体，此外还涉及中央政府、公众及环保非政府组织等很多利益相关主体，这些相关主体在工业水环境监管中存在什么样的关系，是否能形成一种利益均衡，协调其中矛盾；如何在多利益相关者共同参与下，削弱地方保护行为、激励企业守法排污、实现环境经济社会的和谐可持续发展，是工业水环境监管中急需解决的问题。

　　本书首先考虑中央监察和公众参与的客观存在，将其作为地方政府对工业水环境监管的重要参与约束，采用信号博弈的方法来分析并揭示工业水环境监管中的委托-代理关系。其次，由于工业水环境监管中蕴含着地方政府与排污企业的一种契约关系，双方针对工业水环境监管问题达成企业达标排放的约定。根据这种事实上的契约关系，提出实现利益相关者沟通与协调的契约型监管理念。在多利益相关者共同参与下，设计工业水环境监管契约中的激励-约束-监督机制，研究企业的水污染物排放策略，建立工业水环境监管契约模型。在此基础上，将行为经济学的公平互惠理论与委托-代理理论相结合，构建基于互惠性偏好的工业水环境监管最优契约模型，探索有效的调控和优化管理方法。

　　我国的工业水环境监管还存在诸如部门职能交叉重叠、环境信息缺失、环境司法救济薄弱以及环境意识不足等问题，为保障工业水环境监管契约中激励-约束-监督作用的实现，本书构建了中央-地方-公众合作的工业水环境监管体系。该体系由核心层面和辅助层面构成，形成了自上而下和自下而上的双向监管，并提出保障机制、设计工业水环境监管体系的运行流程。最后，针对富春江流域及其所在地水环境综合整治概况及存在问题，进行工业水环境监管的实践研究。

本书的完成得到了浙江省自然科学基金项目（项目编号：LQ14G030020）、"十三五"国家重点研发计划项目、"长三角地区水安全保障技术集成与应用"（项目编号：2016YFC0401500）、国家社会科学基金项目（项目编号：15CGL040）、江苏省自然科学基金项目（项目编号：BK20170542）、浙江电大农村电商科研创新团队项目、浙江广播电视大学科研启动基金项目（项目编号：GRJ-13）等的资助，在此表示感谢。

感谢王慧敏教授、仇蕾副教授、刘钢老师、于荣老师、李昌彦老师、许凌燕副教授等对本书写作过程的多次指导。感谢李芸副教授对富阳造纸企业实地考察工作的帮助和协作。感谢中国水利水电出版社李亮分社长、刘佳宜编辑对本书的编辑和出版给予的大力支持。

在本书编写过程中参考的大量文献资料已经尽可能地一一列出，但由于文献资料较多，疏漏在所难免，在此表示歉意，并向所有的参考文献资料作者表示由衷的感谢。

由于作者水平所限，书中难免存在不妥之处，敬请专家和广大读者批评指正。

**作者**

2018 年 1 月

# 目　录

# 第1章 绪 论

## 1.1 流域水环境污染形势

自20世纪90年代以来，国家针对"三河三湖"（淮河、辽河、海河、太湖、巢湖、滇池）等重点流域，采取了一系列的水污染防治措施。经过近30年的不懈努力，流域水污染恶化的趋势基本得到遏制，水环境质量逐渐得到了改善。《2016中国环境状况公报》显示，在1940个地表水国家考核、评价断面中，水质为Ⅰ～Ⅲ类的断面比例为67.8%，比2015年增加了1.8个百分点；劣Ⅴ类断面比例同比减少了1.1个百分点。从各流域水质来看，长江、珠江流域水质良好，黄河、淮河、辽河、松花江流域水质轻度污染，海河流域水质重度污染。全国338个地级及以上城市，897个集中式生活饮用水水源监测断面中，有811个全年均达标，占90.4%。但我国的水环境形势依然不容乐观，水环境质量也存在一些突出问题，主要表现为干流水质较好，支流水质相对较差。黄河、松花江、淮河主要支流为轻度污染，辽河主要支流为中度污染，海河水系主要支流为重度污染。同时，部分流域劣Ⅴ类断面不降反升，松花江流域、海河流域、辽河流域劣Ⅴ类断面比例分别上升2.8、3.1、4.7个百分点。

湖库富营养化情况不容忽视，总磷为首要污染物，其中太湖、巢湖为轻度污染，滇池为中度污染。《2016年中国水资源公报》显示，开展监测的118个重要湖库中，全年总体水质为Ⅳ～Ⅴ类湖泊69个，劣Ⅴ类湖泊21个，分别占评价湖泊总数的58.5%和17.8%，仍处于较高的占比水平。主要污染项目为总磷、COD和氨氮。湖泊营养状况评价结果显示，中营养湖泊占21.4%，富营养湖泊占78.6%。在富营养湖泊中，轻度富营养湖泊占62%，中度富营养湖泊占38%。与2015年同比，Ⅰ～Ⅲ类水质湖泊的个数比例下降0.9个百分点，富营养湖泊比例持平。环境保护部会同国家发改委、财政部、住房与城乡建设部、水利部、三峡办、南水北调办等国务院有关部门对淮河、海河、辽河、松花江、巢湖、滇池、黄河中上游、三峡库区及其上游、长江中下游等重点流域25个省（自治区、直辖市）人民政府实施《重点流域水污染防治规划（2011—2015年）》和《长江中下游流域水污染防治规划（2011—2015年）》（以下合并简称《规划》）情况进行考核。结果显示，实际考核断面415个（共确定428个考核断面，有13个断面因断流不计入考核），其中102个断面不达标，占实际考核断面总数的24.6%。辽河、淮河、松花江、长江中下游、三峡库区及其上游、黄河中上游、海河、滇池和巢湖流域不达标断面比例分别为4%、15.9%、17.1%、21.3%、24.5%、27.5%、36%、36.4%和50%。《规划》共安排6844个水污染防治项目，截至2015年底，有1859个项目未完成，占项目总数的27.2%。淮河、巢湖、海河流域项目进展较快，松花江、三峡库区及其上游流域项目进展较慢。

水污染物排放总量仍然很大，超过流域所能承受的水环境容量。《2015年全国环境统

1

计公报》显示，全国废水排放总量为 735.3 亿吨，其中工业废水排放量为 199.5 亿吨、城镇生活污水排放量为 535.2 亿吨。废水中化学需氧量排放量 2223.5 万吨，其中工业源化学需氧量排放量为 293.5 万吨、农业源化学需氧量排放量为 1068.6 万吨、城镇生活化学需氧量排放量为 846.9 万吨。废水中氨氮排放量为 229.9 万吨，其中工业源氨氮排放量为 21.7 万吨、农业源氨氮排放量为 72.6 万吨、城镇生活氨氮排放量为 134.1 万吨。与 2014 年同比，化学需氧量排放量下降 3.1 个百分点、氨氮排放量下降 3.6 个百分点。虽然完成了主要污染物总量减排年度任务，但是面对接下来的减排目标，任务依然很艰巨。

严峻的流域水环境污染形势，不仅加剧了水资源短缺的情况，破坏了水生态系统平衡，还影响到人们的正常生活，已经较严重地威胁到了我国经济社会的可持续发展。水污染暴发时期，滇池、太湖、淮河、海河等原本丰富的水资源无法使用，这种水质型缺水成为制约经济社会又好又快发展的瓶颈；国际公认的流域水资源利用率为 30%～40%，我国大部分河流的水资源利用率均已超过了这个警戒线，如淮河的水资源利用率为 60%、黄河为 62%、辽河为 65%、海河甚至超过了 90%。过度的水资源开发利用以及河流系统的渠道化、破碎化，造成了水生生物的生产能力、水污染物自然净化能力的不断下降，致使我国的水生态系统逐渐遭到不同程度的破坏；水环境污染给人们的饮水安全和健康造成了威胁，我国近 90% 的城镇饮用水源已受到生活污水、工业废水和农业灌溉排水的污染威胁，并且已经有很多地方受到了不同程度的影响，如贵州、云南等地就出现了铅中毒、镉中毒、汞中毒等公害病，淮河流域很多地区的癌症发病率比正常地区高出十几倍到上百倍。

## 1.2 我国工业水环境监管的现状及不足

现阶段，我国的水环境管理制度主要包括：环境影响评价制度、"三同时"制度、环境保护目标责任制、城市环境综合整治与定量考核制度、污染集中控制制度、限期治理制度、排污许可制度、环境影响评价制度，这些制度在很大程度上是由于当时的水环境监管失灵而颁布的，水环境监管是整个环境保护管理体制的核心内容。

（1）工业水环境监管能力的现状及不足。工业水环境监管能力包括监督力量和监测能力，是监管政策执行的重要基础和先行条件，在一定程度上决定了监管的有效性。我国的环保系统基本情况如表 1.1 所示，缺乏足够的力量对损害环境的行为进行有效的监督和制约，正是工业水环境监管所面临的一个普遍困难。

由于尚未形成有效的公众参与机制，工业水环境监管责任以及资金投入依然主要由政府承担。然而，分税制的实施在加强中央财政能力的同时，也造成地方政府事权与财权的不匹配，上级的转移支付也因时效性差、立法不完善、随意性大等问题无法真正缓解地方政府的财政困难。以 GDP 为主导的晋升考核机制，驱使地方政府更倾向于关注辖区内的经济增速，而缺乏对监管能力建设投入的动力。我国从 1994 年开始采取分税制，地方政府收入减少，却承担了与其收入不相匹配的任务，据统计地方政府支出约占全国支出的 70%，收入却只有约 50%。因而在地方层面，工业水环境监管经费不足、技术人员缺乏、监测设备老旧等现象普遍存在，地方政府不愿过多将财力投入到工业水环境监管工作上来。

表 1.1　　　　　　　　　　　中国环保系统基本情况

| 年份 | 环保系统机构总数 | 环境监察机构数/个 | 环保系统监测人员/万人 | 环境监察人员/万人 |
|------|------------|--------------|----------------|---------------|
| 2006 | 11321 | 2803 | 4.8 | 5.3 |
| 2007 | 11932 | 2954 | 5.0 | 5.7 |
| 2008 | 12215 | 3037 | 5.2 | 6.0 |
| 2009 | 12700 | 3068 | 5.3 | 6.1 |
| 2010 | 12849 | 3068 | 5.5 | 6.3 |
| 2011 | 13482 | 3121 | 5.6 | 6.4 |
| 2012 | 13225 | 2898 | 5.7 | 6.1 |
| 2013 | 14257 | 2923 | 5.8 | 6.3 |
| 2014 | 14694 | 2943 | 5.9 | 6.3 |
| 2015 | 14812 | 3039 | 6.2 | 6.6 |

资料来源：历年《全国环境统计公报》。

(2) 工业水环境监管行政处罚的现状及不足。工业水环境监管的行政处罚方式主要有罚款、限期治理、警告、责令停产停业、吊销证书和行政处分等，这六项处罚方式的使用频率见图 1.1[1,2]。目前，环保行政主管部门处罚方式以罚款为主，关停并转迁等处罚方式的决定权依然由地方政府掌控，而地方政府在受到辖区内经济发展诉求的驱动下，较避讳采取这种有较大震慑力的方式。然而，在各级环境行政主管部门一再加大惩处力度的同时，关于处罚等众多实施细则尚不明确，造成了监管者的惩罚结构选取各异，直接影响到对环境违法行为监管程度的选择差异性，并且在目前工业水环境监管能力薄弱、没有统一监管体系的情况下，一味加大罚款额度的方法非常需要进行审慎的思考[3]。

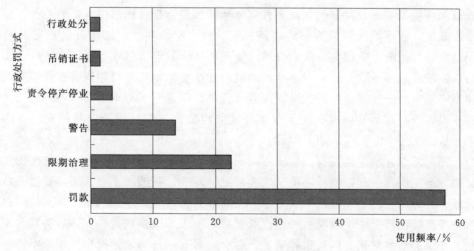

图 1.1　执法机关最常用的环境处罚手段

（3）工业水环境监管体系的现状及不足。我国的环境监管体系包括两个方面：一方面，地方环境行政主管部门受上级环保部门领导，上级环境行政主管部门对地方环境行政主管部门进行业务指导和工作监督。环保部现已开始对垂直管理体制进行摸索和试点，建立了华东、华南、华北、东北、西北、西南六大环保督察中心，负责监督地方对国家环境政策、法规、标准的执行情况，协调跨省区域和流域重大环境纠纷，受理跨省区域和流域重大环境案件的投诉等。但是由于这六大环保督察中心受到身份模糊、信息不畅、协调无力、职权不清等管理体制问题的制约，监督协调等工作很难开展。另一方面，地方环境行政主管部门不但要受上级环境行政主管部门的管理，还要受所在地的地方政府的管理。地方水环境监管部门的负责人由当地政府任命，监管人员的工资由地方财政拨款，可以说地方水环境监管部门的行为直接体现着地方政府的意志，目前我国的水环境监管可以理解为地方政府的水环境监管。

从环境行政主管部门自身来看，其有以下五种权力：监督管理、项目审批、排污收费、行政处罚和现场检查，法律未赋予环境行政主管部门限期治理、责令停业整顿、现场查封、冻结扣押、没收违法排污所得等强制执行的权力[4]。这导致了环境行政主管部门无法强制执行，无法对排污企业形成强有力的制约，容易受到地方政府出于地区利益保护排污企业的控制。另外，在对待环境事务上，目前实行的是环保部门统一监督管理与有关部门分工合作的管理体制。这种环境监管权被分割在环境行政主管部门与水利、发改委、建设、卫生、农林等多个部门之间，致使环境行政主管部门的监管权被严重分割，监管行为受到制约，彼此之间缺乏有效的合作，致使执法达不到高度统一。面对同一种破坏水环境质量的违法行为，各部门权责分工重叠，经常会出现互相推卸责任、执法效率低下的情况。因此，应协调这些部门与环境行政主管部门之间的管辖权交叉问题，保证环境行政主管部门监管权的完整性与统一性。

## 1.3 研究问题的提出

我国水环境安全面临严重的危机，大部分地区污染物排放远超过水环境容量、重大水污染事故频发，水环境问题成为制约经济发展、危害群众健康、影响社会稳定的重要因素。但是我国现行统一管理与分级、分部门管理相结合的监管形式存在诸多困境：①地方政府追求经济发展而导致监管动力不足的困境；②企业在行政处罚制度存在缺陷和民事赔偿法律不完善下的守法困境；③在缺乏法律、资金、信息等支持下公众参与的困境。正是由于这些困境的存在，使得现有的工业水环境监管模式不能适应新形势的发展。综上分析，本书从以下三个方面提出研究问题。

（1）环境问题并不单纯是自然物质方面的问题，还是社会生活中人与人之间的关系问题，这两方面交织在一起，使得环境问题变得更加复杂。我国的工业水环境监管是统一管理与分级、分部门管理相结合的形式，地方政府和排污企业成为其中最直接的参与主体。工业水环境监管还涉及中央政府、公众以及非政府组织等很多利益相关体，各参与主体之间的联系和渗透日益增强。面对这种现实，孤立地对某一行为主体提出要求，不能全面地满足经济分析的需要。

（2）制度因素是影响我国企业环境战略选择的最主要的推动力量，也就是说，政府行为是关系到企业环境战略动态选择的重要变量。水污染物排放的监管机制尚不完善，如何设计具有激励-约束-监督效力的工业水环境监管机制；如何削弱地方保护行为，激励企业守法排污，实现环境经济社会的和谐可持续发展；如何计算得出罚款额度、补偿金额等的科学量值，让处罚和激励措施在工业水环境监管中起到有效作用，这些都是改进环境执法效能的当务之急。

（3）经典的委托代理理论假设地方政府和排污企业均为理性经济主体，代理人对委托人的一些"特殊关照"并不做出相应的"互惠性"反馈。而当排污企业得到来自地方政府的政策支持时，通常会选择更加努力地开展减排活动作为回馈。如政府为企业提供财政拨款、低息贷款等间接补贴，或减税、退税及特别扣除等间接补贴，都能够激励企业开展生产废水治理、清洁生产工艺改造等减排行动，唤起企业反馈更高质量的配套服务，最终提高环境监管的整体效率。

（4）我国的水环境质量监测能力和环境行政执法效力等依然十分有限，还没有建立起垂直统一的工业水环境监管体系，管理部门执法成本大，环境执法的自由裁量权监控不力，存在较为普遍的执法决策随意的情况，使得"执法成本高、守法成本高、违法成本低"。研究行之有效的工业水环境监管体系，对于解决水环境质量与经济发展矛盾的问题有着较强的现实意义。然而，如何科学地设计工业水环境监管体系有待进行更加深入的研究。

# 1.4 国内外研究进展及主要理论基础

## 1.4.1 监管理论的研究进展

（1）监管概念的研究。监管的思想最早可以追溯到柏拉图与亚里士多德关于是否对私人权力进行限制的争论上。1887 年管理铁路的洲际商务委员会成立，标志着经济监管时代的开始，而后经济监管的思想延伸至电力、电信、石油、天然气以及民航等很多垄断行业[5]。监管经济学已经成为微观经济学中的一个重要分支，世界上的很多经济学、政治学、法学方面的专家都对此进行了深入的研究。监管一词来自于英文单词"regulation"，国内学术界也将其译为规制、管制，但学术界至今尚未对监管形成一个统一的认识，监管仍是一个很有争议的概念[6]。卡罗尔·哈洛与理查德·罗林斯（2004）[7]在论及"监管"时就指出，该词具有多重含义，是一个难以捉摸的概念。

西方经济学界，卡恩（1971）[8]在其经典教科书中指出，监管是对产业的结构及其经济绩效等方面的政府规定，如进入控制、价格决定、服务条件、服务质量以及在合理条件下服务所有客户应尽义务的规定。经济学权威辞书《新帕尔格雷夫经济学大辞典》给出监管的两种定义[9]：一种将监管定义为国家以经济管理的名义进行干预。在经济政策领域，按照凯恩斯主义的概念，监管是指通过一些货币干预手段等对宏观经济活动进行调节；另一种将监管定义为政府为控制企业的价格、销售和生产决策而采取的各种行动，政府公开宣布这些行动是要努力制止不充分重视"公共利益"的私人决策。Stigler（1981）[10]将监管定义为"监管是产业所需的并为其利益所设计和操作的,是国家强制权力的运用"。植草益(1992)[11]认为监管是指在以市场机制为基础的经济体制下,以改善、矫正市场机制内在问题为目的,政府干预和干涉经济主体活动的行为。在这个定义基础上,植草益将处理自然垄断和信息偏差等问题的监管称为经济性监管,将处理外部不经济和非价值物问题的监管称为社会性监管。根据这一定义,监管包括宏观经济领域和微观经济领域在内的全部与市场失灵相关的法律法规及公共政策,既包括宏观经济政策也包括微观经济政策,目前大部分学者都主要集中在对微观经济的监管研究上。经济合作与发展组织(OECD)[12]将监管定义为政府对企业、公民以及政府自身的一种约束方式,包括经济性监管、社会性监管和行政性监管三部分。其中经济性监管即直接干预企业行为及市场运行,社会性监管即维护如公共安全、环境保护等社会公共利益,行政性监管即规范政府内部的运行机制。Spulber(1999)[13]认为监管是由行政机构制定并执行的直接干预市场配置机制或间接改变企业和消费者供需关系的一般规则或特殊行为。美国管理和预算办公室(OMB)[14]将监管定义为政府行政机构根据法律制定并执行的规章和行为,这些规章为一些命令或标准,涉及个人、企业和其他组织的职能权限,而监管的目的是解决市场失灵、维持市场经济秩序、促进市场竞争、扩大公共福利。

(2)监管理论的演进。西方监管经济学的发展经历了"公共利益理论""利益集团理论"和"激励监管理论"三个不同的阶段。从某种程度上说,监管理论的发展过程,实际上也是一个不断深化对监管主体"经济人"本性认识的过程[15]。对监管主体的认识,直接决定着监管制度的出发点、侧重点和有效实施的途径。

1)公共利益理论。公共利益理论是20世纪60年代以前主流的监管经济理论。该理论认为政府的监管是对市场过程不适合或低效率的一种反应,监管发生的原因是市场失灵。在这些情况下,政府对市场的监管被看作是政府对公共利益和公共需要的反应,监管是针对私人行为的公共行政政策,是从公共利益出发而制定的规则,目的是为了防止和控制被监管企业对价格的垄断或对消费者的权力滥用[16]。在这样的理论诠释中,监管者本身是"无私"的,追求的是社会公共利益,采取的是公平公正的手段,监管者的行为符合社会公平原则的要求。由此可以看到,按照公共利益理论,对监管者的激励根本不存在,因为监管者自身的报酬和偏好外生于社会福利函数,监管者的监管行为与其自身利益没有关系。

公共利益理论的假设和前提本身有着明显的缺陷,主要存在于以下三个方面:①公共利益理论强调监管者是"公正、仁慈、无私"的社会利益的代表。但是,在理论上作为一个理性的"经济人",其利益目标必然是自身利益的最大化,过分强调监管者的道德品质和个人素质,恰恰是公共利益理论最主要的缺陷。②公共利益理论强调监管者利益的中立性。然而在现实中,监管者利益的中立性确实令人质疑,即使监管费用由国家财政支付,监管者仍然不能完全摆脱与被监管者之间的利益关系。③公共利益理论假设监管执行是无成本的。很明显,这一假定在经验实证面前是站不住脚的。

由于公共利益理论在现实应用中存在的缺陷,使得公共利益理论的假设逐渐被推翻,利益集团理论开始兴起。

2)利益集团理论。利益集团理论作为对公共利益理论的一个批判性成果,在20世纪

60 年代以后获得了非常迅速的发展。利益集团理论主要包括俘获理论、监管经济理论和寻租理论等理论分支。这些理论分支的共同假设是：政府的基础性资源是强制权，能够使社会福利在不同的人之间转移；利益集团作为被监管者与监管者都是理性的"经济人"，都会通过行为选择来最大化自身利益[17]。利益集团理论认为，监管者也有其作为"经济人"的行为动机，也会追求私利。该理论最早由 Stigler 在 1971 年提出，在 1976 年 Peltzman 对市场失灵、政府监管结果进行预测，并推断政府在经济监管上的有效性等。美国经济学家贝克尔进一步提出，监管的实质是利益集团之间的竞争，决定政府监管行为的也是利益集团。Becker (1983)[18]等学者进一步提出，监管者本身也是一个有着自身利益目标的理性人个体，在监管的过程中可能会被利益集团贿赂或屈服于政治压力，造成监管效果最终偏离公共利益最大化目标的后果[19]。Shleifer 和 Wishnie (2004)[20]、Rajan 和 Zingales (2004)[21]等学者认为，监管者的目标并不是社会福利的最大化，而是以牺牲公共福利为代价追求自己的私利，并指出掠夺经济将对经济社会产生非常严重的负面影响。

利益集团理论是根据监管实际经验而来的监管实证理论，在一定时期内解释了很多监管实践中的问题，显得比公共利益理论更具有说服力，而从趋向上来看，监管俘虏理论走向公共利益理论的另一个极端，即假设政府是倾向于生产者的，监管的职能开展完全是为了被监管者的利益。但与公共利益理论无法解释政府是如何代表公共利益的内在机制一样，利益集团理论也无法说明生产者如何俘虏监管者，使其用监管手段给被监管者带来利益，同时实证也表明，在某些行业中监管并没有导致生产者得到更多的支付，相反生产者的利润下降了。

3) 激励性监管理论。20 世纪 90 年代以来，Baron (1982)[22]、Laffont 和 Tirole (1986)[23]等人在坚持监管者理性"经济人"假设的前提下，引入了政治学中监管体系的非整体观，运用委托-代理理论来研究监管问题，建立了利益集团范式下的激励性监管理论。他们建立了一个基于自然垄断行业的监管模型，假设监管方式是监管企业的回报率和价格，委托-代理关系是三层科层结构，即企业等利益集团、监管机构、国会。激励性监管理论对利益集团理论的发展主要在于：首先，激励性监管理论深化了对监管者"经济人"本性的理论认识。该理论打开了监管机构这个"黑箱"，将监管机构分为监督者和委托人两层，从更深的层面上阐述了监管者可能被监管企业或其他利益集团俘获或收买而与之合谋。其次，激励性监管理论引入了信息经济学的分析方法。利益集团监管理论因忽视信息不对称而没有委托-代理理论。再次，激励性规制理论强调了对监管者的激励和控制。该理论在机制设计文献的传统下，以刻画最优监管为目的，认为监管的核心问题是通过激励机制的设计来实现监管结构中委托人和代理人的激励相容。当规制机构作为一个"经济人"出现时，要在考虑对受规制企业激励的基础上，强调对规制者的激励和控制，制定一套减少或阻止规制机构被俘获的激励机制。

## 1.4.2 委托-代理框架下激励监管理论的研究进展

委托-代理理论是过去三十多年里契约理论最重要的发展之一。委托-代理理论是 20 世纪 60 年代末 70 年代初，由一些经济学生对企业的内部信息的不对称性和激励问题发展起来的。它的创始人有 Wison (1969)[24]，Spence 和 Zeckhauser (1971)[25]，Rose

(1973)[26]，Mirrless（1974、1976）[27,28]，Holmstrom（1979、1982）[29,30]，Grossman 和 Hart（1983）[31]等。委托-代理框架下的激励研究是现代经济学最重要、最基本，也是最具有挑战性的问题，是如何减少代理人机会主义行为的问题。委托-代理理论的中心任务是研究在利益相冲突和信息不对称的环境下，委托人如何设计最优契约激励代理人[32]。

因此，委托-代理理论研究的规范方法就是一个模型化问题：设计一个激励契约，让代理人按照委托人利益最大化来采取行动。但是委托人不能直接获取代理人的类型及行动选择决策，委托人只能观测到代理人的移动和其他外界因素相互作用的一个结果。委托人的激励契约设计需要满足以下几个条件[33]：①委托人从该激励契约中能获得最大期望效用；②激励相容约束，即委托人在激励契约中为代理人设计的行动能使代理人获得最大期望效用，代理人选择的其他行动均不能使自身效用达到最大化；③参与约束，即代理人从接受契约中得到的期望效用不能小于不接受契约时能得到的最大期望效用。

委托-代理理论基于信息不对称而产生，随着信息社会化程度的日益提高，信息在经济活动中的地位和作用逐步扩大，代理理论应用范围逐步扩展。目前已被用于政府组织问题的研究，分析政府事务委托-代理中的败德行为、腐败行为和共谋现象等；还被用于事业单位委托-代理问题研究，分析政府和事业单位之间代理关系所面临的问题，并提出相应的解决思路。

由上节内容可知，20 世纪 70 年代末 80 年代初以来，激励理论被吸收到西方监管经济学当中，形成了激励监管理论，从而使监管经济学出现了革命性的发展。激励监管理论对传统监管经济学中监管者与被监管者信息完全（包括信息对称）的假设进行了修正，把监管问题置于信息不对称条件下的委托-代理分析的框架内，不再关注特定的监管制度，而是主要研究政府怎样监管的问题，在机制设计文献的传统下，以刻画最优监管为目的。Hurwicz（1970）[34]和 Groves（1973）[35]以信息不对称为立论前提，把监管问题看作一个委托-代理问题来处理，借助于机制设计理论的有关原理，通过设计诱使企业说真话的激励监管合同，以提高监管效率。激励性监管理论使自然垄断规制的理论基础和思维方式发生了根本性的变革。该理论的产生，使经济学家和政府部门对监管问题的思维方式发生了巨大的变化，并使政府监管更充分地体现了对效率的要求，对研究有效工业水环境监管的机制设计问题具有重大的借鉴意义。Wilson（1969）、Mirrlees（1974）等提出的委托-代理理论为研究信息不对称下的政府监管问题提供了一个有效的理论工具。Loeb 和 Magat（1979）[36]将委托-代理理论用于对自然垄断行业监管问题的研究。

20 世纪 80、90 年代，激励性监管理论得到了长足的发展。1996 年度诺贝尔经济学奖授予了英国剑桥大学的 Mirrlees 和美国哥伦比亚大学的 Vickrey，表彰他们对不对称信息条件下的激励经济理论做出的开拓性、基础性和原创性的贡献。Mirrlees 和 Vickrey 通过引入"激励相容"（Incentive Compatibility）等概念把信息不对称问题转化为机制设计问题，开辟了激励理论的新方向[37]。激励理论为现代产业监管理论提供了理论支撑。Baron 和 Myerson（1982）[38]将信息经济学和委托-代理理论以及激励机制设计理论等引入监管理论的研究中，在政府监管研究中取得了重大突破。而 Laffont 和 Tirole（1993）[39]，Laffont 和 Zantman（2002）[40]将激励理论和博弈论应用于监管理论的研究中，完成了激励性监管理论分析架构的构建。与传统的监管理论相比，激励性监管理论侧重于研究，由监管和被监管者之间的信息不对称所产生的"逆向选择""道德风险"等问题。

委托-代理框架下的激励监管理论有着广泛的应用，极大地优化了相关行业的监管效果。Carlsson（1999）[41]从理论和实践两方面考证激励监管引入瑞典民航的可行性，并进一步得出这种激励监管的动态效果明显优于命令-控制型的法律法规，并且证实这种激励监管可以改善价格体系的整体效率。Schüler（2003）[42]在委托-代理的框架下，讨论了英国银行业中产生的激励冲突问题，提出通过对监管者和银行业的信息披露来整顿市场秩序，进行欧洲监管系统改革，能够有助于解决欧洲的激励问题。Ai Chunrong（2005）[43]将激励监管理论应用于美国电信业，采用历年数据进行验证，得出在这种激励性监督下电信业服务质量有着显著增加。Jamasb（2007）[44]综述了近年来英国电力配置部门激励性监管的经验，从1990年开始实施的激励性监管在降低成本、价格、能源消耗上都取得了重大的成功。马严（2000）[45]提出了一种委托-代理框架，认为在环境监管部门和排污企业之间存在代理关系，即排污企业委托代理人治理污染，环境监管部门监管治理污染过程和结果，结果表明：委托-代理机制是企业治污的低成本高效率的机制。陈德湖（2004）[46]分析了环境治理中的道德风险以及相应的激励机制，给出了委托人风险中性和风险厌恶下的最优契约。秦旋（2004、2005、2007）[47-49]，曹玉贵（2005）[50]在研究工程建设监理制度中，用委托-代理理论来分析业主与监理单位之间的经济关系，探讨了在信息不对称条件下工程监理制中，对监理方的预算报酬方案和线性报酬方案的激励机制。

## 1.4.3　互惠性偏好理论与委托代理理论

（1）互惠性偏好的存在性证明。新古典经济学以理性的"经济人"假设作为理论前提，认为经济机制可以在经济主体纯粹追逐自我利益的行为与动机的驱使下达到瓦尔拉斯均衡，从而实现个体与群体利益的最大化。两个世纪以来，"经济人"假设始终是正统经济理论的核心性基础，成为制约主流经济学发展趋势的惯性框架。然而，现代经济发展的实践表明：经济个体利益的获取效率不仅取决于自身的经济行为，同时也取决于同其他经济个体之间的交互性行为。传统经济学的"帕累托"状态并非是使经济个体与经济群体实现福利最大化的最优状态，而基于经济个体互惠偏好基础之上的经济均衡能够有效地超越传统的瓦尔拉斯均衡，从而实现经济个体与经济群体福利的超"帕累托"最大化[51]。行为经济学以西蒙（Smion，1955）的有限理性为前提，摒弃了纯粹的"经济人"假设的束缚，认为经济个体的经济行为受到复杂的动机支配，"理性"的经济行为只是一种理想状态，而"非理性"的经济行为才是经济个体的常态。行为经济学认为，在现代经济社会中，经济个体往往将他人的效用纳入自己的效用函数之中，认为经济个体的行为动机中存在一定程度的公平、互惠和利他观念，并且呈现日益显著的上升趋势。Perrow（1986）[52]从组织行为学的角度说明"除非在特定的环境下，不存在天生自利的人"。诺贝尔经济学奖得主Samuelson（1993）[53]和Sen[54]（1995）指出，现实中人是有限自利的，通常会关心其他人的利益。一系列心理博弈实验，如礼物交换博弈实验（1982）[55]、独裁博弈实验（1993）[56]、最后通牒博弈实验（1995）[57]、信任博弈实验（1995）[58]以及公共品博弈实验（2000）[59]等，均表明人并非只追逐个人利益，还会兼顾公平，"互惠性偏好"普遍存在。Ernst Fehr（2002）[60]又采用传统经济学和哲学的逻辑方法，证明了普遍存在于人类社会的公平、互惠偏好具有必然性。

（2）互惠性偏好理论的研究进展及应用。互惠性偏好理论最早起源于生物学领域的研究。为了解决古典达尔文理论面临的利他主义难题，哈佛大学生物学家 Robert Trivers 提出了互惠利他理论[61]。诺贝尔奖得主 Gary S. Becker（1974）[62]根据不同行为特征和动机构造社会偏好函数，将互惠行为作为外生变量建立模型，并进行实验验证。1981 年，密歇根大学政策科学家 Robert Axerod 与 William Hamilton 合作进一步发展了这一理论。20 世纪 80 年代中期，西方经济学界掀起了对经济行为进行建构化分析的热潮，形成了行为经济学派。该学派针对理性人假设进行修正，试图解释许多传统经济管理理论不能解释的现象，并对"公平"概念作出严密的定义，改造传统博弈论中的支付函数，发现新的均衡。美国克拉克奖获得者 Rabin（1993）[63]在 Geanakoplos J.、Pearce D. 和 Stacchetti E.（1989）提出的"心理博弈"框架基础上，将公平偏好概念引入博弈论和经济学中，将人们的互惠动机刻画为动机公平效用函数，建立基于动机公平的博弈模型。在纳什均衡外，发现"公平均衡"即"合作性均衡"。这为大量实验中出现的合作性结果提供了解释，并对广泛存在的合作行为和利他现象给出了理论上的阐述。此后，很多经济学家对 Rabin 的研究进行了推广和完善。Charness 和 Rabin（2002）[64]，Dufwenberg 和 Kirchsteiger（2004）[65]，Falk 和 Fischbacher（2006）[66]，Segal 和 Sobel（2007）[67]拓展了 Rabin 的理论，将"高阶信念"（Order Beliefs）引入模型中，以考虑动态博弈中友善度将被重新估计的特点。蒲勇健（2007）[68]将 Rabin"公平博弈"概念引入经典委托-代理模型。由该模型给出的最优委托代理合约可以给委托人带来比现有委托代理最优合约更高的利润水平。研究发现，现有的 Holmstrom-Milgrom 模型中的最优合约不是帕累托最优的。蒲勇健（2007）[69]进一步将同时考虑物质效用和"动机公平"的效用函数植入委托-代理模型，得出最优委托-代理合约在一定条件下可以给委托人带来更高的利润水平，实现了对现有模型的帕累托改进。这说明在一定条件下，企业给予其职员更加人性化的关怀，给予员工比其保留支付还要多的固定收入不仅不会减少企业的利润，而且恰好相反，企业因此会激发员工的感激之情，使得员工更加努力地为企业工作。这个模型可以解释许多成功企业的人性化管理和相应的企业文化，可以解释如在日本企业中员工在下班后还仍然在为企业无偿工作等现象，也可以解释大公司给予其高管高年薪的现象。

近些年，许多学者依托互惠理论，对供应链、团队合作、劳资关系等方面的问题进行了深入的研究。首先，在供应链问题方面，研究发现：在融通仓模式中，商业银行可以根据第三方"公平偏好"程度，设计激励机制以协调供应链融资[70]；在具有公平偏好的零售商和制造商供应链中，当需求满足均匀分布时，模型存在均衡的最优订货量及批发价格[71]；在供应链金融中，引入互惠性偏好，可以实现一定条件下核心企业和协作企业之间契约制度设计的帕累托改进[72]。其次，在团队合作问题方面，研究发现：互惠偏好是促进团队自发形成、实现团队合作的内在因素[73]；互惠偏好在不同条件下对团队生产效率的影响差别很大，既可能提高也可能降低团队的生产效率，其中代理人对团队其他成员行为动机的推断和信念是非常重要的因素[74]；在解决团队搭便车行为问题上，动态博弈较静态博弈的促进作用更大[75,76]。在分析劳资问题方面，研究发现：当企业在制度设计与不完全劳动合约执行时，需要考虑雇主和雇员之间，以及雇员之间客观存在的互惠偏好[77]。

**10**

（3）植入互惠性偏好的委托代理理论。互惠性偏好是目前利他主义思想体系中一个突出性的热点问题，主导着利他主义思想体系的发展，是目前最具社会基础的利他性起源解释之一，能够深刻地揭示经济社会发展的本源性特征。互惠性偏好对合约的执行具有重要影响，其效力主要源于对潜在的欺骗者提供了有效的制约，促使他们表现出合作的态度，或者至少限制了他们不合作的程度[78]。首先，如果委托人预期其他委托人都会提供互惠形式的薪酬方式支付，那么自私的委托人也会提供相对慷慨的激励方法。同样，如果代理人知道委托人会对他们的努力付出进行互惠性的回馈，那么自私的代理人也会在有奖励或者惩罚机会的情况下付出更高的努力水平。其次，人们的利他行为并非全是纯粹的利他主义，在利他的同时也能够满足利己的需要[79]。Fehr 和 Schdmidt（1999）[80]对公平互惠理论进行了详细的综述，并且指出了其未来发展的方向。李训、曹国华（2008）[81]借鉴 Fehr 和 Schmidt 提出的理论模型，将公平偏好理论融入传统委托代理理论模型中，分析了纯粹自利且风险中性的委托人雇佣具有嫉妒和自豪倾向且风险规避的代理人时发生的激励机制设计问题，发现在不同情况下，具有不同心理偏好的代理人的最优努力水平、工资要求，以及给委托人带来的收益有所不同。刘敬伟（2010）[82]在总结已有的关于公平性偏好的委托代理模型研究基础上，通过强调互惠性偏好在人类社会交往过程中的重要性，构建了和谐社会的微观经济理论框架。袁茂等（2011）[83]发现基于现代经济学公平偏好理论所构建的委托代理激励机制是传统 HM 模型的进一步发展，委托人只需要尽可能增加横向公平性偏好程度强的代理人，以代替纯粹自利性偏好的代理人，就可以尽可能提高非对称信息下代理人的努力程度。

## 1.4.4　工业水环境监管的研究进展

近年来，环境经济理论界对企业减排问题的研究，大多以不同环境经济政策对企业水环境污染物削减的影响为重点，研究思路主要是将企业视为被动的经济主体，认为其环境行为主要是为了满足政府工业水环境监管的要求。目前对工业水环境监管的研究主要有三个层次：其一，工业水环境监管与企业减排和经济发展的关系研究；其二，综合考虑体制、经济、管理和工业污水处理的关系，构建自然因素、区域人文因素以及政策因素的关系模型进行监管体系设计；其三，对监管体系中可能出现的一些问题的分析，如政府监管失职责任对工业水环境监管有效性的影响，排污企业采取的策略选择行为研究，政府、监管人员和企业三方可能存在合谋行为的有效防范方法等。

（1）工业水环境监管与企业减排和经济发展的关系。在工业水环境监管与经济发展的关系方面，学者们存在一些差异性的观点。新古典主义理论从成本角度出发，认为直接监管在降低外部性成本的同时增加了排污者的私人成本，而这种附加的成本将会影响到企业的生产率、收益率，以及投资运营和企业创新决策等方面[84]。1992 年里约会议召开后，越来越多的学者开始关注环境保护与经济增长的关系问题，最具代表性、影响最深的为 Porter 和 Linde 提出的"波特假说"。Porter 和 Linde（1995）[85]在竞争力的分析框架下，通过案例分析明确提出通过推进创新和资源使用效率，工业水环境监管能够在事实上激发企业技术创新，并获得先动优势、改善竞争力、补偿守法成本、提高国际竞争力。Laplante（1996）[86]、Nadeau（1997）[87]分别对加拿大和美国造纸厂的污水排放情况进行调查，研究显示：对企业进行有效的排污监管能够减少企业的违规排污水平。Gray 和 Deily（1996）[88]对美国钢铁行业的大气排放进行调查，研究显示：监管能够有效地降低企业大气污染物排放的违规程度。Magat 和 Visucusi（1990）[89]，Laplante 和 Rilstone（1996）[90]分别考察了美国和加拿大的政府环保部门执行环境检查对本国纸浆及造纸企业生物需氧量（BOD）和总悬浮物（TSS）排放的影响。前者的研究表明检查使企业污染排放量下降约 20%；后者的研究表明实际的检查行动及其可能检查的威胁，促使企业降低了约 28% 的污染排放量。

（2）综合考虑体制、经济、管理和工业污水处理的关系，构建自然因素、区域人文因素以及政策因素的关系模型研究工业水环境监管问题。

Grossman（1991）[91]认为当获取可靠的信息很困难或成本很高时，委托人应采用高强度激励，而当高强度激励不可能或成本很高时，委托人应选择加强监督。Avenhaus（1992）[92]和 Malik（1993）[93]提出当存在信息不对称、监察和处罚成本较高、监督技术不足够精确时，使用自我报告制度（Self-Reporting）可以采用较少的监察频次和较高的处罚额度来有效防止企业违法排污情况的发生。Wiedemann（1993）[94]研究了公众参与对水环境管理的影响。Liping Fang（1997）[95]将排污标准的执行过程刻画为一个多阶段对策模型，研究了违反环境法规的惩罚力度如何影响违规的程度和频度，并提出了对强制措施之有效性的度量方法。Merrett（2000）[96]考虑体制、经济、管理和工业污水处理的关系网络，分析工业水环境监管的设计，并对欧盟各个国家进行对比，综合分析工业水环境监管各部门的权利限度和相关关系。Skinner（2003）[97]提出改变政府的角色有助于中国建立完善的环境监管机制。Goldar（2004）[98]构建自然因素、区域人文因素以及政策因素的关系模型，设计非正式环境监管体系。赵来军（2005）[99]研究排污权交易宏观调控管理建立动态博弈模型解决淮河流域跨界水污染纠纷。熊鹰（2007）[100]、谢勇刚（2009）[101]等运用博弈分析方法研究政府承担监管失职责任对环境监管效力的影响。林云华（2008）[102]从市场特征的角度出发，构建与市场经济的和谐有序稳定相适应的环境监管体系。刘富春（2008）[103]从环境监管的宏观角度提出环境监管的实施措施和具体落实方案。任玉珑（2008）[104]、吴志军（2008）[105]等通过分析政府、监管人员和企业三方的博弈行为得出防范合谋的有效方法。曾贤刚（2009）[106]等分析了信息不对称对企业排污选择与政府监管的影响。Viaggi（2009）[107]构建水环境监管中主要参与主体的委托-代理模型，模拟农业水环境监管问题。Ren（2010）[108]设计融入监管者偏好因素的定量模型来研究环境的协调监管机制。

（3）工业水环境监管机制的改进，如采用灵活的监管方式、扩大监管主体范围、增加监察频次、采用激励政策等。

Beavis（1987）[109]也指出由确定的环境管制来约束企业随机性的污染排放并不是合适的，由此造成了政府在实际执行中的管制失效问题，因而应采取更加灵活的管制方式来控制企业污染行为。Afsah（1996）[110]提出最优环境管制模型的信息完全和零交易成本的基本假设在现实中不一定存在，影响了传统命令管制和经济工具的执行；政府不是对企业施加环境压力的唯一主体，当地社区和市场组织也在扮演着环境监管的重要角色。Plaut（1998）[111]认为企业通过采取超越现有环境标准和法规的管理方法，能够在促进可持续发展的同时增强企业的竞争优势。Dasgupta（2001）[112]在调查了中国的工业废水、废气排污情况后也发现，增加对环境污染状况的监察频次可以显著地减少工业废气、废水的排放。Harrison（2002）[113]针对学术界提出的不少企业为减少对环境的影响而采取自愿环保行动一说，采用加拿大国家污染排放记录数据考察了企业减少污染排放的动机，结果发现企业减少污染排放并非是一种自愿行为，而是受到环境管制、管制威胁和公众压力等各方面影响产生的结果，并且在这些影响因素中，企业对管制威胁的反应较弱，但几种方式联合起来对企业污染排放制约的影响却很大。Motta（2003）[114]利用巴西325个大中型企业数据考察了政府环境管制对企业环境绩效的影响，结果表明：政府作为控制环境污染的单一主体时，企业服从环境标准的意愿较低。Cason（2006）[115]应用实验经济学方法揭示了在污染排放不可完全监控情形下，企业排污决策与银行存储机制的关联影响，结果表明：存储机制可降低污染随机性带来的价格波动，却会诱发更显著的违规行为。Testa（2011）[116]通过应用一个回归分析，发现通过增加监察频次来进行更为严厉的监管，为增加先进技术设备、创新性的生产投资等方面做出了积极的推动。汪涛（1998）[117]指出政府通过开展环保教育、制定宏观经济管理的有关政策、调整经济体制和经济结构、采取环境保护的经济手段、颁布和实施环境法律法规可以有效激励企业环境技术创新，提高企业环境绩效。马小明（2005）[118]认为我国政府环境监管仍以直接的行政控制为主，使得政府与企业长期处于非合作状态，加之环境监管的信息不对称问题，导致政府管制的执行效率低下，没有从根本上遏制企业污染不断恶化的状况。刘小峰（2011）[119]运用计算实验方法模拟了污水处理项目运营与排污者行为的动态变化，得出单纯的市场价格机制或政府监管机制很难有效控制企业偷排行为。

（4）工业水环境监管问题中可能出现的一些问题，如政府监管失职责任对工业水环境监管效力的影响，排污企业采取的策略行为选择，政府、监管人员和企业三方可能存在合谋行为的有效防范方法等。

Helfand（1991）[120]研究了几种不同的环境标准对企业的原材料的使用和产出以及自身利润的影响。Arora 和 Gangopadhyay（1995）[121]的研究表明，消费者对社会责任感强的企业，即严格遵守环境法规且信誉较高的企业的偏爱，也会促使企业选择积极的水环境行为。Scott（1997）[122]用计量经济学模型分析美国新罕布什尔州的有关数据，得出环境政策是如何影响企业在处理技术革新方面的投资。Harford（1997）[123]提出大型的企业比其他较小规模的企业更倾向于遵守环境法规。Brooks 和 Sethi（1997）[124]的研究也显示，公众及非政府组织的压力和社会准则的约束，对促使企业遵守环境法规和减排发挥了重要的作用。Lear（1998）[125]研究了美国环保总署（EPA）1995年统计的环境违规的平均罚金额度以及被处罚企业的数量，结果显示，在没有政府处罚的情况下，受社会准则约束中的企业也能够在一定程度上遵守环境法规。Stranlund（1999）[126]研究了在经费有限的情况下，水环境行政主管部门如何在异质企业之间分配人力、物力资源，来开展水环境监管工作。Lundgren（2003）[127]应用实物期权方法，探讨了不同监管制度、监管强度对企业治污投资决策的影响以及最优的投资时机。Moon（2008）[128]将企业的环境行为视为离散的过程，采用扩散理论从早晚两阶段分析企业参与绿色照明计划的自愿程度。Lin（2010）[129]考虑中小企业较大型企业在财力、人力的差距，采用调查问卷的方法研究环境不确定情况下，中小企业的环境行为决策。张伟丽（2005）[130]建立关于环保部门检查与不检查、企业治污与不治污、环保部门滥用职权与不滥用职权、企业行贿与不行贿的两方动态博弈模型，并将信誉机制引入模型，分析得出环保部门与企业之间容易产生寻租行为，由此提出政府对环保部门进行监督的重要性。李芳（2006）[131]运用两阶段博弈模型，探讨固定处罚条件下的企业环境违法行为的管控机制，得出监管时效性的重要作用。卢方元（2007）[132]用演化博弈论的方法对产污企业之间、环保部门和产污企业之间相互作用时的策略行为选择进行分析，得出当产污企业不处理污染物的收益大于处理污染物的收益、环保部门对不处理污染物的企业处罚力度过轻或对产污企业进行监测的成本过高时，环境污染必然发生。李寿德（2009）等[133]采用最优控制理论，研究排污权交易条件下的厂商污染治理投资控制策略。

## 1.4.5　文献述评

从"公共利益理论"到"利益集团理论"再到"激励监管理论"，这种监管理论的演进，围绕着监管者代表谁的利益，为什么会发展监管以及如何实现监管。这种演进也伴随并指导了西方国家20世纪以来经历经济监管从监管、放松监管到再监管，以及社会监管持续加强的过程。监管理论的演进使其不仅能够解释更多的现实问题，还能够为研究实证提供更加有力的理论支撑。

激励监管理论的提出，打开了监管机构这个"黑箱"，将监管机构分为了监管者（监督者）和国会（委托人）两层，承认监管者可能被受监管企业和其他利益集团俘获或收买而与之合谋，从而发展了一个具有三层科层结构的"委托-代理理论"。当监管机构作为一个"经济人"出现时，激励机制的设计要在考虑对受监管企业激励的基础上，重视对监管者的激励和控制，制定一套减少和阻止监管机构被俘获的激励机制。这套机制既要描述监管机构的激励和行为，又要描述社会福利的最大化。

以上理论研究的成果，以及工业水环境监管的研究进展，为本书进一步研究对设计具有激励-约束-监督效力的工业水环境监管契约机制，构建中央-地方政府-公众合作的工业水环境监管体系，具有重大的借鉴意义。但同时也存在一些不足。

（1）尽管国内外学者大多认识到企业污染是造成我国环境污染的主要原因，但是对于水环境方面的深入探讨，工业水环境监管区别于大气、固废监管等固有特征方面的研究，还存在一些不足，并且工业水环境监管中涉及的众多利益相关者，且各参与主体之间的联系和渗透日益增强，工业水环境监管的成功与否并不仅由企业是否达标排污决定，还涉及地方政府、公众乃至中央政府的行为选择。如何在多利益相关者共同参与下，设计激励-约束-监督机制，削弱地方保护行为，激励企业守法排污，实现环境经济社会的和谐可持续发展，有待进行深入研究。

（2）现有的工业水环境监管契约机制设计文献研究忽略了企业是一个独立的经济个体，能够为寻求利益最大化而采取的策略性行为，并且从理论方法上，较少有文献考虑企业的水环境策略是一个随时间变化的动态系统控制问题；从研究视角上，缺少对工业水环境监管机制下企业的水污染物排放策略研究。因此，企业如何根据外部环境和自身因素合理地决策水污染物动态排放控制策略，政府制定什么样的工业水环境监管制度能够引导企业实现自觉治污,这都需要在明确企业水环境行为作用机理的基础上展开研究。

(3) 现有文献研究大多将地方政府和排污企业视为理性经济主体,忽略了当排污企业收到来自地方政府的政策支持,如财政拨款、低息贷款等间接补贴,或减税、退税及特别扣除等间接补贴时,有动机开展生产废水治理、清洁生产工艺改造等减排行动。因此,有必要引入互惠性偏好理论增强理论模型对于工业水环境监管中排污企业与地方政府的委托代理关系的现实解释能力。

(4) 对工业水环境监管体系构建的现有文献研究,主要是以地方政府和排污企业为主体模拟工业水环境监管行为、构建监管体系、解决监管困境问题。然而现实中的工业水环境监管体系中,不仅需要研究地方政府与排污企业的关系,更需要对监管各个参与主体的行为进行整体分析。在我国特有的横向上部门管理和行政区域管理相结合、环保部门统一监督管理与有关部门分工合作的管理体制,纵向上各级地方政府对环境质量负责的分级负责的管理体制下,孤立地对某一主体提出要求,不能全面地满足经济分析的需要。

# 1.5 本书研究内容

在对监管方面已有研究成果进行综述的基础上,本书拟采用博弈理论、最优控制理论、委托-代理理论、互惠性偏好理论,研究浙江省转型升级中工业水环境监管机制的设计问题,研究内容可归纳为以下四个部分。

(1) 对我国流域水环境污染形势及监管现状进行归纳梳理,提出我国工业水环境监管存在的关键问题。研究监管参与主体的利益取向以及行为选择,总结出相关利益主体之间存在的委托-代理关系,根据监管中相关主体之间的信息不对称情况,分析这种委托-代理关系可能产生的环境违法企业驱逐守法企业的"逆向选择"问题,企业"隐藏行动"、地方政府庇护环境违法企业的"道德风险"问题。根据利益相关者行为路径选择的分析结果,构建不完全信息动态博弈模型,研究在中央监察与公众参与并存下地方政府与排污企业的不完全信息动态博弈过程,得出在工业水环境监管完全成功的分离均衡下,资源实现最有效的配置,并且利益补偿机制将企业的生产运营、污染物处理及违法排污等决策紧密联系在一起,协调了政府与企业之间的矛盾使博弈达到均衡。

(2) 从工业水环境监管中的委托-代理关系出发,提出水环境契约监管模式,分析企业水环境行为的内外部影响因素,结合行为选择决策集合界定出激励相容的工业水环境监管契约。设计监管契约中的以环境补贴为方式的激励机制,以环境监察执法和环境行政处罚为方式的约束机制,以中央监察和公众参与为方式的监督机制,通过激励-约束-监督三种机制共同促进工业水环境监管契约的高效运行。采用最优控制方法构建工业水环境监管契约的企业参与约束模型,探索排污企业对于监管契约机制的参与情况,并得出企业偷排单位水污染物处罚额度的范围,为政府控制诱导企业环境守法提供科学支持。构建工业水环境监管的最优契约设计模型,得出对排污企业的经济补偿额度、监管概率、违规罚款数额等,设计工业水环境监管的最优契约及实施流程。在此基础上,将行为经济学的公平互惠理论与委托-代理理论相结合,构建基于互惠性偏好的工业水环境监管最优契约模型,并进行结果比对和机理分析,探索优化管理方法。

（3）为保障工业水环境契约型监管的有效实施，构建中央-地方-公众合作的工业水环境监管体系，该体系包含核心层面和辅助层面的双层结构，形成了自上而下监管和自下而上监督的双向监管。建立中央协调监督机制、环境信息共享机制、环境公益诉讼机制、环保宣传扶持机制，实现工业水环境监管体系的稳定运行，来克服工业水环境契约型监管可能面临的部门职能交叉重叠问题、环境信息缺失问题、环境司法救济薄弱问题、环境意识不足问题。最后设计中央-地方-公众合作的工业水环境监管体系运行流程。

（4）针对浙江省富春江流域及其所在地水环境治理概况，通过对该流域造纸工业及废水排放情况的调研，确定流域造纸业排放限值及典型水污染物选取，在流域总量控制目标下，设计造纸企业水环境监管契约机制，构建中央-地方-公众合作的富春江流域造纸企业水环境监管体系，提出造纸企业水环境监管契约机制及体系在富春江流域顺利实施的对策建议。

# 第2章 工业水环境监管中的委托-代理关系

工业水环境监管还涉及中央政府、公众及非政府组织等很多利益相关主体，其中的关系错综复杂，不同主体之间在利益驱动下会结成污染治理战略联盟。因此，本章在对工业水环境监管的相关概念界定和特征分析的基础上，侧重研究水环境监管参与主体的利益取向以及各自的行为路径的选择，进而发现各个主体之间存在的委托-代理关系，并深层次挖掘这种委托-代理关系所产生的"道德风险""逆向选择"问题及产生原因，根据对水环境利益相关者行为路径选择的分析结果，构建不完全信息动态博弈模型，研究在中央监察与公众参与并存下地方政府与排污企业的不完全信息动态博弈过程，以寻求解决途径。

## 2.1 工业水环境监管的相关概念及特征分析

### 2.1.1 工业水环境监管的相关概念

工业水环境监管问题往往被看作是水环境行政主管部门对排放企业的行政执法过程，忽略了造成水环境污染的原因类型、执法所需要遵循的监管制度安排，以及执法对象的自身特征等因素。为厘清监管问题所涉及的概念以及之间的关系，本节对此进行界定。

（1）水环境污染相关概念。水环境监管需要有的放矢，根据水环境污染产生的不同类型，设计不同的监管机制。水环境污染的相关概念有环境污染、工业污染、违法型污染、素质性污染，下面分别对这几类污染的概念及特征进行分析。

环境污染主要是人类活动所引起的环境质量下降而有害于人类及其他生物的正常生存和发展的现象。环境污染的产生有一个从量变到质变的发展过程。当某种能造成污染的物质，其浓度或总量超过环境自净的能力时，就会产生危害。目前环境污染产生的原因是有用的资源变为废物进入环境而造成危害，以及资源的浪费和不合理使用。按照污染产生的原因来划分，环境污染可分为工业污染、农业污染和生活污染。其中，工业污染是指工业生产过程中产生的污染，主要包括水、大气、固体废弃物污染以及噪声、放射性、电磁辐射、光和热等物理性污染。工业污染物的特点有[134]：污染物浓度大，成分复杂，毒性强，不容易处理净化，带有颜色或异味污染物的排放量和性质变化大，不稳定。

从工业自身的差异划分，工业污染又可以分为违法型污染和素质型污染[135]。违法型污染是指企业和人员故意违反法律、法规而导致的排污，如由企业的环境机会主义行为导致的间歇性、偶发性的违法排污。素质型污染是指由于企业经营和生产人员素质欠佳、企业技术和设备条件限制导致的企业排污不能达到各种排污标准规范。不同类型的排污，其治理措施也不同。对于违法型污染，重点在于如何预防和控制企业故意违背环境法律和规章。由于环境要素没有充分考虑到企业的生产经营活动中去，并且企业的环境意识还相对比较薄弱，这些环境问题的外部性促使我国现阶段企业具有较强的环境机会主义动机，也就是说在我国违法型污染所占比例相对较大。违法型污染的治理，主要在于提高环境规制的监控能力和执行有效性。素质型污染的治理，一方面可以通过环境标准的制定来约束企业，使其承担相应的责任和成本，如征收排污费；另一方面可以通过环境政策来引导企业加大环境治理投资和环境技术研发力度，提高企业的污染治理水平。

（2）环境监管类相关概念界定及区分。环境监管类相关概念有环境管理、环境规制、环境监管、环境管制，这几个概念存在一定的区别和联系，下文对这几个概念进行分析和界定。

《中国大百科全书·环境科学》将"环境管理"定义得比较明确，是指运用行政、法律、经济、教育和科学技术手段，协调社会经济发展同环境保护之间的关系，处理国民经济各部门、各社会集团和个人有关环境问题的相互关系，使社会经济发展在满足人们的物质和文化生活需要的同时，防治环境污染和维护生态平衡。而环境规制、环境监管、环境管制这三个概念还没有形成统一的观点，需要进行详细的说明。

"管制"来自于英文单词 governance，是指政府机构依据一定的法律和规则对特定行业进行的管理，与"监管"相比"管制"具有明显的强制性，主要运用强制性的行政手段[136]。"规制"和"监管"都来自于英文单词 regulation，但是从汉语言角度理解，它们之间还是存在一定的差异，日本学者植草益在《微观规制经济学》一书中将"规制"定义为：依据一定的规则来限制构成特定社会的个人和构成特定经济的经济主体的活动；将"监管"定义为：在市场机制为基础的经济体制条件下，政府以矫正、改善市场机制内在问题（广义的"市场失灵"）为目的，对经济主体（特别是对企业）活动进行干预和干涉。与"监管"相比，"规制"有着较强的学术意味，也更多地采用激励性的市场化调节手段。综合以上分析，本书将环境管理、环境规制、环境监管、环境管制界定为如图 2.1 所示的相关关系。

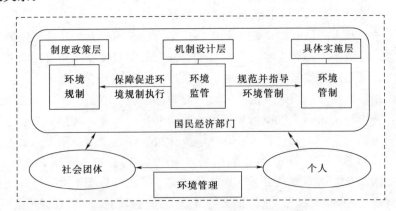

图 2.1　环境管理、环境规制、环境监管、环境管制关系图

如图 2.1 所示，环境管理的范围涵盖国民经济各部门、各社会集团和个人。环境规制、环境监管、环境管制较环境管理所解决的问题和管理的范围相对窄一些，专门针对环境污染行为，解决国民经济部门中存在的环境污染问题。环境规制是指国家通过制定法律

制度和行政政策来限制环境污染行为和改善环境质量，主要指环境规制机构对环境污染行为的监督和管理的制度和政策。而这种监督和管理的方式包括采用命令控制型方式、采用市场激励的经济手段，属于政策制度层面。环境监管是各级政府和环境保护主管部门为控制企业环境污染行为所制定和实施的监管机制，属于机制设计层面。环境管制则是环境行政主管部门遵循环境监管机制对排污企业进行的环境监察和行政执法，属于具体实施层面[137]。环境监管机制能够促进和保障环境规制政策的实施，并规范和指导环境管制行为。

## 2.1.2 工业水环境监管的特征分析

从监测频率、监管阶段和监控区域方面，我国的工业水环境监管均区别于废气和固废监管。监测频率方面：环境保护部门已在我国重要河流的干支流、重要支流汇入口及河流入海口、重要湖库湖体及环湖河流、国界河流及出入境河流、重大水利工程项目等断面上建设了 100 个水质自动监测站，水质自动监测站的监测频次一般采用每 4 小时采样分析一次；对环境空气的监测，目前我国已有 113 个城市实现了 24 小时连续自动监测，并已建成在线环境空气自动监控系统。监管阶段方面：按照现有企业生产运行状况，企业生产活动中的水污染物来源从原料的使用、生产中间过程到企业的尾水排放均需进行全过程监管；废气的产生主要来源于生产原料的必要性以及末端的排放，如电力产业需进行源头和末端的监管；固体废弃物的产生需从源头和末端加强监管，如采矿业。监控区域方面：流域中大大小小的河流交汇在一起形成的水系形态不同；形成树枝状结构的河流水体，如长江流域，主要为单向流动；而形成网络状结构的水体，如太湖流域平原河网地区，主要为河网往复流；大气污染物扩散范围相对较大会造成跨行政区域的影响；固体废弃物在做好防渗工作的基础上，主要可能对处理、填埋地点造成局部污染。因此，将废水、废气和固废从监测频率、监管阶段和监控区域三个维度上进行对比，详见表 2.1。

表 2.1　　　　　　　　　废水、废气、固废在监管层面的特征比较①

| 监管特征 | 监测频率② | 监管阶段 | 监控区域 |
| --- | --- | --- | --- |
| 废水 | 每 4 小时在线自动监测一次 | 源头、过程、末端全过程监管 | 单行政区域或跨行政区域 |
| 废气 | 24 小时连续在线自动监测 | 源头、末端监管 | 跨行政区域 |
| 固废 | 无 | 源头、末端监管 | 单行政区域 |

① 以上比较均在现有技术与政策条件下进行。
② 资料来源：环境保护部环境监测总站。

通过比较可以得出：①监测频率方面，水质目前仍无法实现 24 小时连续在线监测，这决定了水污染物的达标排放更依赖于政府监管；②监管阶段方面，源头、过程和末端控制都能够实现水污染物的减量，这决定了监管不仅涉及企业的出水处理，还涉及企业的生产选料、工艺流程；③监控区域方面，单向流引起的单向区域污染、河网往复流引起的河网区域污染，使得监控区域既可能为本行政区域也可能跨行政区域，这更决定了地方政府在处理辖区内监管以及在与其他地方政府协作监管中的重要地位。

## 2.2　工业水环境监管中委托-代理关系的结构和风险分析

### 2.2.1　工业水环境监管参与主体的利益取向及行为

工业水环境监管涉及的利益相关者众多，关系错综复杂，不同主体之间在利益驱动下会结成污染治理战略联盟。1963 年，斯坦福研究院首次提出"利益相关者"概念，但是从"是否影响企业生存"的角度来界定存在很大的局限[138]。到 1983 年，美国经济学家 Freeman 提出了一个"利益相关者"的普适定义，即能够影响一个组织目标的实现或者能够被组织实现目标过程影响的人[139]。这一定义正式将当地社区、政府部门、环境保护主义者等主体纳入利益相关者管理的研究之中。从利益相关者角度出发，通过权衡多方利益，提出各方都满意的政策，使得政策的制定更加合理、科学、民主[140]。因此，应用这种定义综合工业水环境监管中涉及的利益主体，基本确定有以下相关者：代理行使水环境所有权的各级政府、制造工业污染的企业、污染受害者的公众和非政府组织（NGO）[141]。但由于政府、企业和公众的利益目标差异，三方很难形成一个利益协调机制，这使得水污染物排放监管执行起来困难重重。下面首先分析参与主体的利益取向及环境行为，详见表 2.2。

表 2.2　　　　　　　　工业水环境监管中参与主体的利益取向及环境行为

| 参　与　主　体 | | 利　益　取　向 | 环　境　行　为 |
|---|---|---|---|
| 中央政府 | | 全社会福利最大化 | 建立、健全环保基本制度，统筹协调并监督管理重大环境问题，落实国家减排目标，监督管理环境污染的防治 |
| 地方政府 | | 本地利益及任期内利益 | 为了追求本地 GDP 的增长，个别官员会吸引发达地区淘汰下来的高污染企业，并充当这些企业的保护伞 |
| 排污企业 | 积极主动型 | 自身持续发展 | 积极主动按照政府的要求进行污染削减 |
| | 消极应对型 | 满足环境政策要求 | 不主动进行污染物处理，甚至有逃避水环境监管、偷排或者超标排放的动机 |
| | 机会逃避型 | 自身利益最大化 | 时常表现出机会主义的倾向，试图逃避规制和处罚 |
| 公众 | 支持环保 | 生存环境效用最大化 | 参与决策、表述意见、环境维权、了解信息、环保宣传 |
| | 不作为 | 自身利益最大化 | 经济利益的难以割舍，对污染造成的环境损害不作为 |
| NGO | | 环境保护 | 宣传环保知识、培养公众环境意识，组织环保调查和学术活动，公开环境情况信息，向危害国家环境利益的主体施压，援助环境污染受害者，参与国际环保交流活动 |

（1）各级政府的利益取向及其行为分析。水环境保护是公共管理的重要领域，单纯依赖自由的市场运作无法有效地完成这项任务，而且"市场失灵"造成了更为严重的水环境问题。在这种情况下，需要对自由市场进行有效的外部干预，综合行政、法律及科技多方面的措施。环境保护依然是我国政府的一项重要职能，并且只有政府具有控制或解决环境

问题的能力。

在水环境监管方面，中央政府环保部门负责建立、健全水环境保护基本制度，统筹协调并监督管理重大水环境问题，落实国家减排目标的责任，监督管理水环境污染的防治等，保障最广大人民的切身利益，发挥着基础性的作用。地方政府主要负责贯彻执行国家水环境保护的方针政策和法律法规，研究起草环境保护地方性法规和规章，组织实施污染源排污情况、现场监督检查、对环境违法行为进行调查并依法处理等。各级政府环境保护部门水环境监管职能的对比见表 2.3。政府的这一职能是任何组织和个人都不能替代的，用以保障环境资源的合理配置，实现社会福利的最大化。

表 2.3                              各级政府环境保护部门水环境监管职能差异对比①

| 监管职能 | | 国家环保部 | 省级环保厅 | | 市级环保局 | |
|---|---|---|---|---|---|---|
| 环保基本制度 | 政策、规划 | 拟订并组织实施 | 贯彻执行 | 拟订并组织实施（全省） | 贯彻执行 | 拟定组织编制（全市） |
| | 法规草案 | 起草 | | 起草（全省） | | 起草（全市） |
| | 部门规章 | 制定 | | 制定（全省） | | 起草（全市） |
| 监督管理 | | 重大水环境问题 | 重大水环境问题（全省） | | 重大水环境问题（全市） | |
| 减排目标 | | 组织制定，监督实施，督查、督办、核查地方完成情况 | 组织制定，监督实施，督查、督办、核查各地完成情况（全省） | | 组织制定，监督实施，督查、督办、核查完成情况（全市） | |
| 污染防治管理制度 | | 制定、组织实施 | 制定、组织实施（全省） | | 组织实施、现场监督检查、依法处理（全市） | |

① 资料来源：各级政府环保部门网站。

然而在现实中，与中央政府的水环境保护目标不完全相同，地方政府不是总能够代表广大人民群众的根本利益。第一，任何政府的工作目标都不是单一的和一成不变的，尤其是当下我们所在经济社会的高速发展时期，地方政府为了辖区内经济的发展，会不情愿地过度开发和使用环境资源。第二，在我国的财政约束的制度环境下，地方政府的财政收入压力增大，但同时也拥有了更大的经济决策权和资源支配权，如面对与其他省市竞争的情况下，为了保障地方政府的税源，往往采取睁一只眼闭一只眼的态度来放松对一些税收大户的审批。第三，在过分依靠 GDP 来考核政府官员的时代背景下，地方政府就会更注重本地利益和任期内的政绩。在上述三种原因的综合作用下，工业水环境监管很可能出现"监管俘获"现象，即组织化的利益集团，如高污染、高耗能但高赋税的企业，为了获取利益最大化而向地方政府施加影响，使监管决策偏向于企业[142]。出于对政绩的追求，在对不同利益、利益的不同方面进行权衡和协调后，地方政府可能牺牲处于弱势地位的群众的环境利益而选择经济发展利益，有些官员甚至会吸引被发达地区淘汰下来的高污染高耗能企业，漠视环境保护，充当这种企业的保护伞[143]。因此，地方政府的水环境保护行为可能是有限的，水环境监管的执行效率也可能是不足的，地方政府的这种行为应该受到更加强有力的约束。

（2）排污企业的利益取向及行为分析。我国水环境污染主要限定在"产业公害"范围内，经济活动中产生的废水是水环境污染的主要来源。政府环境行政主管部门的大部分政策和法规也主要是针对企业制定的，所以说企业成为水环境监管博弈中的代理人。近年来，环境经济理论界对企业减排问题的研究，大多以不同环境经济政策对企业水环境污染物削减的影响为重点，其研究思路主要是将企业视为被动的经济主体，其环境行为主要是为了满足政府的环境政策法规要求。而事实上，不同类型的企业对环境政策法规的反应是不同的，综合起来有如下几种类型[144]，见表 2.4。

表 2.4　企业环境行为的类型

| 类型 | 积极主动型 | 消极应对型 | 机会逃避型 |
|---|---|---|---|
| 目标 | 自身的持续发展 | 满足环境政策法规的要求 | 自身利益最大化 |
| 特征行为 | 积极主动地按照国家标准进行水污染物削减 | 不会主动地进行生产废水处理，甚至有动机逃避水环境监管，偷排或者超标排放污染物 | 经常表现出机会主义的倾向，试图逃避监管和处罚 |
| 行业 | 化工、金属冶炼等污染密集型的企业 | 中小型企业 | 钢铁、水泥、电解铝业中许多污染严重的小企业 |

企业作为一个独立的经济个体，能够为寻求利益最大化而采取策略性的行为，即企业的环境行为。它是指企业出于对政府环境政策和公众环境偏好的反应（包括积极的和消极的反应，以及企业主动的环境行为），并基于实现自身发展目标，作为战略管理体系重要组成部分的环境管理行为[145]。企业的水环境行为主要由内外两种因素决定。影响企业行为的内部因素主要有企业的技术状况、战略定位、管理者因素、所有权性质以及规模实力[146]。影响企业环境行为的外部因素主要有政府的环境政策、市场环境和社会因素等。

（3）公众、非政府组织的利益取向及其行为分析。少部分公众作为企业员工参与到企业的生产运营，被动地成了水环境污染的制造者，但公众最终依然是污染的受害者。现在越来越多的公众已经开始意识到污染所造成的危害，因而积极地参与到环境维权中来。首先，个人是具有安全需要的，马斯洛认为在生理需要得到充分满足后就会出现安全需要[147]，公众个体出于主观上对环境安全感的需求而希望参与到环境事务的管理中来。其次，对环境利益和环境资源的争夺，体现了公众在实际生活中并不只是满足于安全的需要，环境利益和环境资源对于现代社会公众来说意义非凡，环境利益需求是公众参与环境事务过程中最为重要的目的，成为公众在环境事务上的参与动力。从中国厦门海沧 PX 事件等都可以看出，普通百姓基于对环境利益的敏感，会积极地参与到具体的环境事务中来。

一般来说，越是与公众的环境利益关系密切，公众越会积极地参与环境事务的管理，但是公众参与程度以及环境维权的效力不仅依赖于他们的环境意识，还依赖于政府部门强有力的政策法律保障。如 2006 年颁布的《环境影响评价公众参与暂行办法》保障了我国环境影响评价领域的公众参与权力，2008 年 5 月 1 日起实施的《环境信息公开办法（试行）》推行环境信息公开，提高了公众环境知情权和话语权，增加了环保工作的透明度[148]。法律的保障和政府的推进，使公众参与在环境保护中发挥着越来越重要的作用。

公众参与不仅仅体现在对企业偷排行为的监督举报，还体现在对环境资源的立法、评价和司法救济等方面的贡献，详见表 2.5。

表 2.5                                      公 众 的 环 境 行 为

| 类　型 | 具　体　内　容 |
| --- | --- |
| 了解信息 | 了解污染危害、政府与企业环境治理状况、企业生产情况和污染排放数据 |
| 表述意见 | 揭发和检举环境违法行为，监督企业和政府的环境治理 |
| 环境维权 | 对环境侵害发起诉讼、要求赔偿，保护正当环境权益 |
| 参与决策 | 积极参与环境决策，如环境行政许可的听证等 |
| 环保宣传 | 参与各种环保的教育宣传活动，促进环境保护制度的完善 |

环保 NGO 是以环境保护为主旨，不以营利为目的，不具有行政权力，为社会提供环境公益性服务的民间组织[149]。环保 NGO 由于熟悉公众、能够贴近公众，反映公众的利益和愿望、具有专业技能，已经成为提高公众的环境意识、实现社会可持续发展的一种组织制度工具。1994 年 3 月 31 日，自然之友的成立标志着中国第一个在国家民政部注册成立的民间环保团体的诞生。后继又成立了很多环保 NGO 为我国的环保事业做出了重要贡献。如公众环境研究中心（IPE）是一家在北京注册的非赢利环境机构，自 2006 年 5 月成立以来，IPE 开发并运行中国水污染地图和中国空气污染地图两个数据库，推动了环境信息公开和公众参与，促进了环境治理机制的完善。在环境保护中，环保 NGO 开展环保知识、环境意识的宣传和教育，唤醒成员和社会的环境意识；组织环保社会调查和学术活动，研究环境保护的科学技术；及时将环境污染状况、污染事件、污染责任人、政府的环境行为向社会公布；通过民间向危害国家环境利益的其他国家或公司施加压力，阻挡跨国境的污染转移和非法贸易[150]；援助环境污染受害者，参与全球范围内的环保交流活动。环保 NGO 的环境行为对于提高公众的环境意识和缓解生态环境危机起到了重要作用。

## 2.2.2　工业水环境监管中的委托-代理结构

在工业水环境监管问题中，地方政府和排污企业存在典型的委托-代理关系：地方政府作为委托人，委托企业在发展经济的同时兼顾环境保护，主动处理生产废水实现达标排污；企业作为代理人，在地方政府的监督下从事生产活动、进行生产废水处理、获得经济剩余。同时，这种地方政府和排污企业对待水环境问题的委托-代理关系，满足委托-代理理论的基本特征[151]：①委托人与代理人之间存在明显的信息不对称。作为水环境监管部门的地方政府，虽然具有监督管理防治水体污染、执行污染限期治理制度、编制并组织实施全市排污费征收计划等职能，但是由于无法了解到企业的水污染物处理成本等私有信息，处于严重的信息劣势。②作为理性经济人的代理人，从自身的利益出发，可能会采取某些机会主义或利己主义的行为，产生"逆向选择"和"道德风险"等问题。在工业水环境监管中，从长期看会导致环境违法企业驱逐守法企业的"逆向选择"问题，企业"隐藏行动"、地方政府庇护环境违法企业的"道德风险"问题的出现。因此，根据信息经济学中的委托-代理理论，处于信息劣势的一方为委托人，处于信息优势的一方为代理人。与企业成本信息和技术水平相比，地方政府的水环境监管机制为共有信息，所以地方政府为委托人，企业是代理人。

地方政府与排污企业之间存在明显的信息不对称，构成了工业水环境监管中的委托-代理关系。这一关系直接决定了监管的执行效率、地方政府与排污企业的收益大小和收益分配模式。因此，对委托-代理关系的研究不仅有助于指导监管的执行运作，而且有助于推动整个水体环境的良性发展。委托-代理理论的中心任务是研究在利益相冲突和信息不对称的环境下，委托人如何根据可观测到的信息来奖惩代理人，以激励其选择对委托人有利的行动，因此激励机制的设计是影响代理人是否能与委托人保持一致的关键要素。在工业水环境监管的执行阶段，由于信息不对称，地方政府面临着来自排污企业的"道德风险"，如虚报成本类型、不努力进行水污染物处理等情况。要真正降低这种"道德风险"，还需要恰当地制定政企之间的契约来有效地激励和约束排污企业的水环境行为[152]，这部分内容将在下面小节中进行详细阐述。

### 2.2.3　工业水环境监管中的委托-代理风险

（1）监管参与主体委托-代理风险的产生原因。工业水环境监管参与主体的委托-代理风险直接影响到监管的有效性，根据现有的监管理论和实践的研究成果，将这种风险产生的原因归结为以下几方面。

1）监管俘虏论。在中央监察和公众及非政府组织的约束力不强的情况下，地方政府及水环境行政主管部门往往为了当地的经济利益产生地方保护主义倾向，变相保护和鼓励当地的污染企业。另外，还有一些地方政府会默许排污企业采取通过增加排污总量的方法来降低污染浓度，从而造成水污染的加剧。这类从监管者自身的利益取向出发而产生的委托人违规，被称为"监管俘虏论"。"监管俘虏论"是从修正的公共利益监管理论关于"监管者是为公共利益服务"的基本假设出发，认为监管有利于作为生产者的特定利益集团，监管提高的是特定利益集团的利润水平而非公众的福利水平，以此来解释监管委托-代理风险的原因。监管俘虏可以理解为地方政府及水环境行政主管部门被特定利益集团俘虏，以满足特定利益集团的需要，政府监管成为特定集团（即被监管者）获得更多利润的工具。

2）信息不对称。在委托-代理关系中，委托人和代理人存在信息的不对称，代理人了解自身的产污量和治污成本，但他们有隐藏信息以期获得更多收益的机会主义动机。委托人在获取代理人信息时将付出高额的成本，若监督成本的提高超出了预期收益，委托人便会降低监督水平成为信息劣势一方。这种基于监管者面临的外部约束条件的委托-代理风险原因，被称为"信息不对称论"。Sappington 和 Stiglitz（1987）[153]等学者认为，监管的有效性依赖于监管者所拥有的信息，监管者与被监管者之间的信息不对称导致了监管的盲目性，造成了监管的不力。Laffont 和 Tirole（1993）[154]则在监管者和被监管者的信息结构、约束条件和可行工具的前提下，将监管有效性问题作为最优机制设计问题进行分析。他们分别建立了复杂的数学模型对信息不对称情况下的政府监管做了深入分析，结果表明由于信息不对称的存在，监管效率和信息租金存在一种相互矛盾的关系。

主流经济学往往把政府视为社会公共利益的代表，企业视为利润最大化的追求者。由于环境的外部性，导致公共利益和企业利益存在冲突，政府和企业需要平衡各自的行为以谋求合作。在信息完全的状态下，政府和企业都可以准确无误地观测到彼此真实的决策行为和支付函数，即政府能够判断企业选择了何种环境战略和所需支付的成本、社会所获取的公共收益总和。同样的，企业也能判断政府为环境问题所做出的奖励和惩罚措施及其执行成本，这样政府就可以利用公权力精准地规范企业的战略选择。但事实上，企业往往比政府更了解自身的环境战略选择以及成本参数等众多信息，政府为获取相关的真实信息，不得不支付昂贵的信息成本，有时这种信息的获取甚至是得不偿失的。相比之下，政府的行为和成本等信息却是作为公共信息为企业所轻易获得，而企业又有隐瞒这些信息以利于获取利益的动机，造成政府与企业之间的信息不对称，见表2.6。

表 2.6　　　　　　　　　　　工业水环境监管中相关主体之间的信息不对称

| 相关主体 | 对 政 府 | 对 企 业 | 对 公 众 |
|---|---|---|---|
| 政府 | — | 生产计划、运行安排、污染治理成本及努力程度等 | 环境意识、监督意愿、监督能力、环境污染状况敏感度 |
| 企业 | 国家环保意愿、监管决心、政策执行力度、监控能力 | — | 绿色、生态的消费意识及购买取向 |
| 公众 | 监管成本、执行力度、监管操作处理细节、监管效果 | 污染行为、污染物类型及生化特性 | |

此外，工业水环境监管参与主体的委托-代理风险的产生还与人的有限理性和水环境资源的公共物品属性有关。①人的有限理性。人类天性中有一种道德上的不负责任或者说是道德上的冒险精神，当时间、信息、知识、技巧、预见等方面存在不确定性时，就可能发生机会主义、搭便车等非理性行为，反映在企业水环境行为选择上就是违法偷排生产废水的动机。②水环境资源的公共物品属性。水环境资源同自然界中的其他资源一样，具有公共物品属性、非排他性和非竞争性。单个排污企业增加投资用于水污染物治理，带来的水环境质量改善将会被所有排污企业及周边居民共享，同时单个排污企业违法偷排的投机行为所造成的损失也会由其他排污企业及周边居民共同分担，因此这种权利和责任的双重外部性会导致工业水环境监管中的委托-代理风险。

（2）监管参与主体的"逆向选择"和"道德风险"问题。以上原因综合在一起共同影响着政府和企业间关于环境战略的博弈结果。"逆向选择"和"道德风险"问题削弱了工业水环境监管的效果，而传统的水环境监管采用的手段多为规制和惩罚，激励手段不足，而激励是迫使代理人从自身利益出发做出符合委托人利益行为的有效机制，因此需要加强针对激励机制的研究，在"激励-约束-监督"一体化管理框架下研究工业水环境监管机制。

1）企业的"逆向选择"问题。为激励企业开展生产废水治理和清洁生产工艺改造等减排行动，政府往往会提供给企业一些财政资金支持、税费减免、低息贷款等补贴措施。对于完成减排任务较好的企业将予以较大额度的补贴，对于完成减排任务相对不足的企业会予以较小额度的补贴。在提供补贴额度的选择上，很可能出现企业的"逆向选择"问题。在建立工业水环境监管的委托-代理关系之前，排污企业已经掌握了政府所不了解的水污染物处理成本等私人信息，因而从自身利益出发，有动机利用这些对政府不利的信息与政府达成对自己有利的共识，而政府则会因为信息劣势处于对自身决策不利的地位上。另一方面，由于政府无法准确地明晰企业的出水效果和付出的治污努力之间的关系，从而不能恰当地确定企业的水环境行为类型和水污染物处理能力。因此，为了降低错误地判断企业类型所付出的高额补贴成本，政府往往会倾向于全部给企业以较低额度的补贴。这种情况导致的结果将是有着长远发展战略的企业将会出于自身成本等原因，无法进一步开展环境经济可持续发展的企业水环境管理战略，最终造成这种企业退化为环境机会主义者，使得整个工业领域"劣质者驱逐优质者"。

2）企业的"道德风险"问题。政府和企业达成了水环境监管的共识之后，排污企业为了完成自身的经济收益目标，依靠私有信息而进行不被政府环境监察执法人员察觉的"隐藏行动"。包括如"私设暗管"，用稀释手段"达标"排放，非法排放有毒物质，建设项目"未批先建""批小建大""未批即建成投产"以及"以大化小"骗取审批，拒绝、阻挠现场检查，为规避监管私自改变自动监测设备的采样方式、采样点，涂改、伪造监测数据，拒报、谎报排污申报登记等"道德风险"行为，使社会公共利益受损。"道德风险"产生的原因主要是私人信息的存在，在产生"道德风险"的委托-代理关系中，委托人在监管机制实施过程中，对代理人的任何一个决策都进行完全监督在实践中是不可能的，或者是因为成本太大而没有必要。这样便会产生信息不对称，委托人一般只能观测到结果，而不能直接观测到代理人的行动。当委托人的利益取决于代理人的行动时，代理人在其自身利益最大化的同时会产生损害委托人的"隐藏行动"，这最终将导致契约履行的低效率。

3）地方政府的"道德风险"问题。地方政府既是中央政府-地方政府这一级委托-代理关系的代理人，又是地方政府-企业这一级委托-代理关系的委托人，这一双重身份使得地方政府成了"双重利益代表"，可能发生角色错位和利益越界。具体来说，在政治激励和财政约束的制度环境下，地方政府的行为动机主要是追求政治晋升和提高地方财政收入。晋升的动力牵引着官员专注于经济发展，提升政绩，尤其是核心领导人任期内的短期政绩；财政的压力导致地方政府为了完成上级任务来提升政绩，也为了财政资金宽裕、改善个人福利，地方政府不得不专注于经济发展来弥补收支缺口。同时，预算内收入难以为地方政府提供稳定和充足的财源，这时的地方政府常常存在财政困难，并且从上至下问题层层突出，尤其是县乡一级政府。在这种背景下，地方政府对预算外收入有很强的依赖性。在预算外收入中，"行政事业性收费"是主要的收入项目，约占总预算收入的70%，并且主要的收费对象为企业。在以企业作为收入主要来源的背景下，地方政府为保护当地产业的发展，常常会利用手中权力为企业提供各种便利，变相保护和鼓励污染企业，这种情况促成了地方政府的"道德风险"问题。

## 2.3　工业水环境监管中委托-代理关系的博弈分析

### 2.3.1　不完全信息动态博弈模型构建

在工业水环境监管中，地方政府和企业是两个最直接的参与主体，如何处理好这二者的利益关系成为问题的关键。本书综合考虑以下因素：①面对经济发展的诉求，地方政府存在庇护排污企业的动机；②水环境质量是一项政绩考核指标，故地方政府有着水环境保护的压力；③公众参与是地方政府和排污企业都要面对的社会监督力量；④区域水环境容量及初始排放权约束了企业的排污行为。将中央监察和公众参与作为地方政府对工业水环境监管的重要参与约束，采用信号博弈理论构建地方政府与排污企业的不完全信息动态博弈模型，并分析均衡结果。

作为环境监管部门的地方政府具有监管水体污染、执行污染限期治理、编制组织实施排污费征收等职能。企业是具有信息优势的博弈方，地方政府则是处于信息劣势的博弈方。根据"柠檬原理"，信息不对称易造成排污不达标企业"搭便车"行为获得较高的补贴，以致"劣等品驱逐优等品"、发生"逆向选择"，导致工业水环境监管机制的失灵。为研究该"逆向选择"问题，由 Spence（1973）发展的信号博弈（Signaling Game）为研究不完全信息动态博弈提供了一种重要的方法[155]。因此，本书采用信号博弈的方法来研究工业水环境监管中参与主体的行为选择机理。

参与人集合 $I=\{LG, E\}$，$LG$ 表示地方政府（Local Government），是信号的接收者，$E$ 表示企业（Enterprise），是信号的发出者。$\Theta=\{\theta_1, \theta_2\}$ 表示信号发出者企业的类型空间，为其私人信息，$\theta_1$ 表示水污染物处理成本低的企业，$\theta_2$ 表示水污染物处理成本高的企业。实施工业水环境监管机制后，作为委托人的地方政府根据水污染物处理成本 $C(q_i, \theta_i)$ 的差异，将企业概化为成本高和成本低两种类型，设定两种水污染物排放标准 $q_i$（$q_1 < q_2 = \delta \cdot q_1 \leqslant q_0$，$\delta > 1$ 为比例系数，$q_0$ 为国家标准中水污染物排放标准），实际监管运行中 $q_i$ 可按《水环境保护标准目录》中规定的 33 类工业水污染物排放标准制定。在企业选择较高或较低的水污染物排放标准后，地方政府为其提供相应的补贴 $S(q_i)$，并按照相应的监管频率对企业执行监管 $P(q_i)$，企业违法偷排行为被发现后将处以相应的罚款 $F(q_i, \theta_i)$。虽然地方政府不能直接得知企业的真实水污染物处理成本类型，但可以通过企业申报的排放标准类型做出近似的推断，该推断的概率分布为 $p(\theta = \theta_1) = \gamma_1$、$p(\theta = \theta_2) = \gamma_2$、$\gamma_i$（$0 \leqslant \gamma_i \leqslant 1$，$\gamma_1 + \gamma_2 = 1$），并且 $\gamma_i \in (\alpha_i, \beta_i)$、$\alpha_i$（$0 \leqslant \alpha_i \leqslant 1$，$\alpha_1 + \alpha_2 = 1$）、$\beta_i$（$0 \leqslant \beta_i \leqslant 1$，$\beta_1 + \beta_2 = 1$）。

设 $\pi_k(q_i)$ 为企业行使并完成社会责任治理生产废水所产生的附加经济收益，$\pi_l(q_i)$ 为企业行使并完成社会责任治理生产废水给社会带来的环境收益，$C_r$（$C_r \in R$）为政府工业水环境监管成本，$D(q_i, \theta_i)$ 为企业污水偷排对下游造成的破坏，$T(q_i, \theta_i)$ 为企业向国家缴纳的税款，$F_a(q_i, \theta_i)$ 为地方政府对企业偷排进行庇护恰好被公众参与发现并检举，此后将要受到中央政府的惩罚。$D(q_i, \theta_i)$、$T(q_i, \theta_i)$、$F_a(q_i, \theta_i)$ 均由企业的客观情况决定，是本研究的已知量。

博弈的过程如下。

1）自然根据特定的概率分布 $p(\theta_i)$，从可行的类型集 $\Theta=\{\theta_1, \theta_2\}$ 中赋予信号发出者企业（$E$）某种类型 $\theta_i$（$i=1, 2$），$\theta_1$ 表示水污染物处理成本低的企业并以 $\xi_1$ 的概率违法偷排，$\theta_2$ 水污染物处理成本高的企业以 $\xi_2$ 的概率违法偷排。

2）信号发送者企业（$E$）观测到 $\theta_i$，从可行的信号集 $M=\{m_1, m_2\}$ 中选择一个信号

$m_j$（$j=1$，2），$m_1$ 表示企业选择较高的排放标准 $q=q_1$，$m_2$ 表示企业选择较低的排放标准 $q=q_2$。

3）信号接收者地方政府（$LG$）观测到 $m_j$（但不能观测到 $\theta_i$）。当 $m=m_1$ 时，以 $P(q_1)$ 的概率对企业进行监管；当 $m=m_2$ 时，以 $P(q_2)$ 的概率进行监管；然后从可行集 $A=\{a_1$，$a_2\}$ 中选择一个行动 $a_k$（$k=1$，2），$a_1$ 表示地方政府以 $\eta$ 的概率对企业进行庇护（$0 \leqslant \eta \leqslant 1$），$a_2$ 表示地方政府严格执法对企业无庇护行为。

4）地方政府和企业的目标函数分别为 $U_{LG}(\theta_i$，$m_j$，$a_k)$ 和 $U_E(\theta_i$，$m_j$，$a_k)$。

工业水环境监管中地方政府与排污企业的信号博弈过程如图2.2所示。

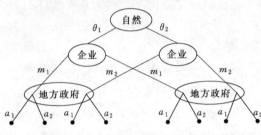

图2.2 工业水环境监管的信号博弈模型

设 $\lambda$ 为企业偷排污水或地方政府庇护行为被公众参与检举的概率，即公众参与程度（$0 \leqslant \lambda \leqslant 1$）。

（1）地方政府以 $\eta$ 的概率对企业进行庇护 $a=a_1$。企业发出 $m=m_j$ 信号，选择较高的排放标准 $q=q_j$（$j=1$，2），若企业为水污染物处理成本较低类型 $\theta=\theta_i$（$i=1$，2）时，政府和企业的期望效用分别为

$$
\begin{cases}
U_{LG}(\theta_i, m_j, a_1) = \begin{cases} \pi_l(q_i) - P(q_j)C_r - \xi_i D(q_i, \theta_i) - \xi_i P(q_j)\eta\lambda F_a(q_j, \theta_i) \\ - S(q_j) + \xi_i \begin{cases} P(q_j)(\eta\lambda + 1 - \eta) \\ + [1 - P(q_j)]\lambda \end{cases} [-T(q_j, \theta_i) + F(q_j, \theta_i)] \end{cases} \\
U_E(\theta_i, m_j, a_1) = \begin{cases} \pi_k(q_i) - (1 - \xi_i)C(q_j, \theta_i) + S(q_j) \\ - \xi_i\{P(q_j)(\eta\lambda + 1 - \eta) + [1 - P(q_j)]\lambda\}F(q_j, \theta_i) \end{cases}
\end{cases}
$$

$$(2.1)$$

（2）地方政府严格执法对企业无庇护行为 $a=a_2$。企业发出 $m=m_j$ 信号，选择较高的排放标准 $q=q_j$（$j=1$，2），若企业为水污染物处理成本较低类型 $\theta=\theta_i$（$i=1$，2）时，政府和企业的期望效用分别为

$$
\begin{cases}
U_{LG}(\theta_i, m_j, a_2) = \begin{cases} \pi_l(q_i) - P(q_j)C_r - \xi_i D(q_i, \theta_i) - S(q_j) + \xi_i\{P(q_j) \\ + [1 - P(q_j)]\lambda\}[-T(q_j, \theta_i) + F(q_j, \theta_i)] \end{cases} \\
U_E(\theta_i, m_j, a_2) = \begin{cases} \pi_k(q_i) - (1 - \xi_i)C(q_j, \theta_i) + S(q_j) \\ - \xi_i F(q_j, \theta_i)\{P(q_j) + [1 - P(q_j)]\lambda\} \end{cases}
\end{cases}
$$

$$(2.2)$$

### 2.3.2 不完全信息动态博弈均衡分析

在地方政府与排污企业的信号博弈均衡时，主要决定于水污染物排放执行标准 $q_i$、监管的执行频率 $P(q_i)$、补偿额度 $S(q_i)$ 以及罚款额度 $F(q_i, \theta_i)$ 等的确定，这些内容取值的不同，会导致博弈出现不同的均衡，根据图2.2求解该两类型信号博弈的纯战略精练贝叶斯均衡，本书假设自然赋予每一类型企业的可能性是相等的。这一存在两种类型企

业、发出两种信号的博弈有四个可能的纯战略精练贝叶斯均衡：①混同于 $m_1$，即 $(m_1,m_1)$；②混同于 $m_2$，即 $(m_2,m_2)$；③分离，$\theta=\theta_1$ 的企业选择 $m_1$，$\theta=\theta_2$ 的企业选择 $m_2$，即 $(m_1,m_2)$；④分离，$\theta=\theta_1$ 的企业选择 $m_2$，$\theta=\theta_2$ 的企业选择 $m_1$，即 $(m_2,m_1)$。由于建立该博弈模型是为了研究均衡实现时需要满足哪些政策条件，因此本书只研究最优结果实现时的分离均衡 $(m_1,m_2)$。

当工业水环境监管参与主体的信号博弈得到 $(m_1,m_2)$ 的分离均衡时，信号接收者地方政府对应于 $m_1$ 的监管执行频率 $P(q_1)$、补偿额度 $S(q_1)$、罚款额度 $F(q_1,\theta_1)$ 和对应于 $m_2$ 的 $P(q_2)$、$S(q_2)$、$F(q_2,\theta_2)$ 处于均衡路径之上，于是地方政府在这一信息集内的推断决定于贝叶斯法则和企业的战略：$\alpha_1=1$，$\beta_2=1$。当下面的条件成立时，地方政府的最优反应为（不庇护 $a=a_2$，不庇护 $a=a_2$），此时需要满足地方政府的严格执法约束：地方政府严格执法对企业的偷排行为不进行庇护的期望效用大于庇护的期望效用，$U_{LG}(\theta_1,m_1,a_2) \geqslant U_{LG}(\theta_1,m_1,a_1)$ 且 $U_{LG}(\theta_2,m_2,a_2) \geqslant U_{LG}(\theta_2,m_2,a_1)$，计算得出该约束为

$$\left(\frac{1-\lambda}{\lambda}\right)\left[T(q_1,\theta_1)-F(q_1,\theta_1)\right] \leqslant F_a(q_1,\theta_1)$$
$$\left(\frac{1-\lambda}{\lambda}\right)\left[T(q_2,\theta_2)-F(q_2,\theta_2)\right] \leqslant F_a(q_2,\theta_2) \tag{2.3}$$

如果 $\theta=\theta_1$ 低处理成本类型的企业想偏离 $m=m_1$ 这一战略，选择较低的排放标准 $q=q_2$ 发出 $m=m_2$ 这种信号时，要使得企业获得的利润小于 $m=m_1$ 时的利润，则其将没有任何动机偏离 $m=m_1$，此时需要满足 $U_E(\theta_1,m_1,a_2) \geqslant \max[U_E(\theta_1,m_2,a_1), U_E(\theta_1,m_2,a_2)]$，计算得出该约束为

$$[S(q_1)-S(q_2)] \geqslant (1-\xi_1)[C(q_1,\theta_1)-C(q_2,\theta_1)]+\xi_1[P(q_1)$$
$$-P(q_2)(1-\eta)](1-\lambda)F(q_1,\theta_1) \tag{2.4}$$

类似地，如果 $\theta=\theta_2$ 高处理成本类型的企业想偏离 $m=m_2$ 这种战略而选择较高排放标准 $q=q_1$ 发出 $m=m_1$ 这种信号时，要使得企业获得的利润小于 $m=m_2$ 时的利润，即：$U_E(\theta_2,m_2,a_2) \geqslant \max[U_E(\theta_2,m_1,a_1), U_E(\theta_2,m_1,a_2)]$，计算得出该约束为

$$[S(q_1)-S(q_2)] \leqslant (1-\xi_2)[C(q_1,\theta_2)-C(q_2,\theta_2)]+\xi_2\{P(q_1)(1-\eta)$$
$$-P(q_2)\}(1-\lambda) \cdot F(q_2,\theta_2) \tag{2.5}$$

通过定性分析可知（表2.7），水污染物处理成本较低 $\theta=\theta_1$ 的企业，在不同排放标准下的成本差值 $[C(q_1,\theta_1)-C(q_2,\theta_1)]$ 较小；选择较高的水污染物排放标准 $q=q_1$，从而污水达标排放后将获得较多的补贴 $S(q_1)$，政府将以较高的频率 $P(q_1)$ 对其进行监管。相反，处理成本较高 $\theta=\theta_2$ 的企业，成本差值 $[C(q_1,\theta_2)-C(q_2,\theta_2)]$ 较大，将获得较少的补贴 $S(q_2)$，政府将以较低的频率 $P(q_2)$ 对其进行监管。

**表 2.7　　　　企业的水污染物处理成本类型与其他参数的对应关系**

| 成本类型 | $C(q_1,\theta_i)$ | $C(q_2,\theta_i)$ | $[C(q_1,\theta_i)-C(q_2,\theta_i)]$ | $\xi_i$ | $S(q_i)$ | $P(q_i)$ |
|---|---|---|---|---|---|---|
| $\theta=\theta_1$ | 低 | 低 | 小 | 小 | 多 | 高 |
| $\theta=\theta_2$ | 高 | 高 | 大 | 大 | 少 | 低 |

因此，假设有如下关系存在：$P(q_1)-P(q_2)\geqslant 0$ 且 $P(q_1)\cdot(1-\eta)-P(q_2)\geqslant 0$，$S(q_1)-S(q_2)\geqslant 0$，$(1-\xi_1)\times[C(q_1,\theta_1)-C(q_2,\theta_1)]\approx(1-\xi_2)\times[C(q_1,\theta_2)-C(q_2,\theta_2)]=\Delta C(q,\theta)\geqslant 0$，综合约束条件式（2.4）、式（2.5），可得

$$\xi_1[P(q_1)-P(q_2)(1-\eta)]F(\theta_1)\leqslant \frac{S(q_1)-S(q_2)-\Delta C(q,\theta)}{(1-\lambda)}$$
$$\leqslant \xi_2[P(q_1)(1-\eta)-P(q_2)]F(q_2,\theta_2)$$

$$(2.6)$$

从而，在条件式（2.3）和式（2.6）同时成立的情况下，$\{(m_1,m_2),(a_2,a_2),\alpha_1=1,\beta_2=1\}$ 为工业水环境监管参与主体间信号博弈的精练贝叶斯均衡，由此得到下面的结论。

**结论** 在条件式（2.3）和条件式（2.6）同时满足的情况下，企业申请水污染物排放标准的高低可以完全反映企业的真实水污染物处理成本类型，成本低的企业将选择较高的排放标准，成本高的企业会选择较低的排放标准。

在工业水环境监管完全成功的分离均衡下，资源实现最有效的配置：企业达到的排污标准、获得的补贴与其水污染物处理的成本相匹配，地方政府通过排污标准及补贴作为申请信号能准确判断企业的类型。同时，利益补偿机制将企业的生产运营、污染物处理及违法排污等决策紧密地联系在一起，协调了政府与企业之间的矛盾，使博弈达到均衡。

### 2.3.3 不完全信息动态博弈模型的参数分析

通过前文不完全信息动态博弈模型中的约束条件，分析分离均衡的存在性和均衡区间的变化，能够使工业水环境监管效力得到实现，进而研究从哪些方面进行改进，促进监管完全成功的精练贝叶斯均衡的实现。按照博弈顺序，进行以下参数分析。

首先，分析企业的信号发出约束，该约束给出了本模型分离均衡成立的一个区间，如果能够将区间扩大也就意味着均衡实现几率的扩大。由式（2.6）可得，地方政府庇护企业概率 $\eta$ 的减小，以及增大两类水污染物处理成本，企业的罚款差异加大 $F(q_2,\theta_2)$、降低 $F(q_1,\theta_1)$，均能够使区间上限增大、区间下限减小，扩大了均衡区间。

其次，分析地方政府的严格执法约束，该约束给出了中央惩罚的范围。由式（2.3）可得，增加国家对地方政府庇护行为的惩罚 $F_a(q_i,\theta_i)$，能够有利于此不等式条件的成立，约束地方政府严格执法。由式（2.1）可得，在地方政府保持自身期望效用不变时有

$$\frac{\partial\eta}{\partial F_a(q_i,\theta_i)}<0，$$

这说明中央对地方庇护行为的处罚加大时，地方政府为维持原有效用，将不得不减小对企业的庇护概率，这又进一步扩大了式（2.6）的区间范围，增加均衡实现的几率。

第三，公众参与程度 $\lambda$ 的提高，使式（2.3）左边减小，即在较低的国家惩罚情况下，保障公众参与的效力同样能够督促地方政府严格执法。

综上，对工业水环境监管中委托-代理关系的不完全信息动态博弈模型的结果进行参

数分析,可以得出:要想实现成本低的企业选择较高的排放标准、成本高的企业选择较低的排放标准,这样一种工业水环境监管中委托-代理关系不完全信息动态博弈的精练贝叶斯均衡,需要从以下三个方面来着手进行:①按照行业将企业进行分类,在每一行业中根据各自处理成本差异设定不同的水污染物排放标准,进而区别两类企业的罚款额度;②改变单纯以 GDP 的增长为指标的政绩考核体系,以增加地方官员纵容污染的政治成本 $F_a(q_i, \theta_i)$;③保护公众的合法权益,提高公众参与的程度。

# 第 3 章　工业水环境监管契约机制设计

在当前我国公众环境支付意愿不高、企业环境意识薄弱的经济转型时期，制度因素是影响企业环境战略选择的最主要的推动力量，也就是说，政府行为是关系企业环境战略动态选择的重要变量。为了降低地方政府和排污企业两者之间的目标差异，削弱代理人（排污企业）对委托人（地方政府）的利益侵害，本章将在上一章研究的基础上，基于委托-代理理论，提出工业水环境契约监管模式，设计监管契约中的激励机制、约束机制和监督机制，采用最优控制方法来讨论排污企业对于工业水环境监管契约机制的参与情况，构建工业水环境契约监管模型，设计工业水环境监管的最优契约。最后，将行为经济学的公平互惠理论与委托-代理理论相结合，构建基于互惠性偏好的工业水环境监管最优契约模型，并进行结果比对和机理分析，探索优化管理方法。

## 3.1　工业水环境监管契约

### 3.1.1　工业水环境契约型监管的提出

在工业水环境监管机制设计中，由于受到监测成本、监测技术等限制，地方政府对排污企业私有信息的获取较为困难，如企业的生产成本、利润水平、污染治理成本，生产废水的处理资金，实施清洁生产的力度等私有信息。此时，企业从自身利益最大化出发，为了节省污水处理成本存在偷排的机会主义行为。因此在信息不对称的情况下，企业隐瞒自己的偷排行为和污水治理情况，造成工业水环境监管中企业的"道德风险"问题。如果不能解决"道德风险"问题，最终将导致企业偷排行为愈演愈烈，水环境污染越来越严重的结果。

为解决这些问题，自 20 世纪 80 年代以来，委托-代理理论逐渐被应用到解决环境问题上。作为监管者的政府被视作委托人，作为被监管者的企业则被视作代理人，设计有效的激励约束机制创造双赢的局面，以引导政府和企业的行为，克服由于信息不对称所导致的诸多问题。利用企业对自身利益最大化的追求，促使企业主动审视自身的水环境行为，付出更多努力实现水污染物的达标排放。然而，企业的市场运作与水环境监管在一定时期内是相互协调发展的，在经历了一段协调发展之后，动态的经济和静态的监管机制之间就有可能发生一些矛盾。一种行之有效的监管机制是经济与监管之间不断进行调整和改进的过程。那么如何处理工业水环境监管和企业市场化运作之间的关系，在市场经济发展与演进的过程中始终占据着非常重要的地位。

委托-代理理论的中心任务是研究在利益相冲突和信息不对称的环境下，委托人如何设计最优契约激励代理人。工业水环境监管机制实质上恰恰也属于一种政府与企业之间的契约安排，只是这种契约带有一定的单向强制性约束性质，即被监管的企业必须按照水污染物排放标准来进行经营。本书采用信息经济学中的委托-代理理论研究工业水环境契约型监管，构建地方政府对排污企业的水环境监管契约机制。

工业水环境契约型监管是一种政府与企业通过协商而达成共识的环境监管方式，这种契约型的监管方式不仅有利于企业达到水污染物排放标准的规定，还有利于降低监管的执行成本[156]。这种应用契约的方式来进行环境管理，并非首次提出。20 世纪 80 年代初，我国开始在环境管理方面实行环境保护责任制，通过制定环境行政合同的方式，确认环境管理者与污染制造者在环境保护中的责、权、利关系[157]。环境行政合同被广泛地用于排污企业的污染治理、建设项目的环境保护、能源资源的开发利用、排污费的征收管理、环境污染的案件处置，等等。环境行政合同成为我国政府最早运用的契约管理形式，与行政命令相比更加有利于排污企业，它把排污企业从被监管人的位置提升到当事人的位置，从而有效地调动了排污企业的环境保护积极性和环保技术研发的创造性。因为这是一种基于双方意向的合同形式，政府和排污企业在合同的制定中可以经过反复的磋商和多次的博弈，使企业的自身利益在合同的制定中得到充分体现。与一般合同相比，环境行政合同中往往给企业提供了一种补偿，如环境监管者在合同中会约定当企业完成目标规定后将获得一定的经济回报，提供一定的优惠政策条件，减免税收、放宽借贷条件等[158]。但是，由于我国环境行政合同制度还未形成，造成了两方面问题：一方面，在环境管理领域现实的契约关系大量存在；另一方面，针对环境管理的契约理论研究十分薄弱。上述问题的存在表明，契约方式的环境管理手段是解决环境问题的重要方式，非常需要进行深入的研究。本书提出的工业水环境契约型监管，就是延续环境行政合同的契约管理理念，进行深入的理论和实践研究，科学高效地解决水环境问题。

工业水环境契约型监管不仅能够激发企业的能动性和社会责任感，还能促进企业更加积极地参与到环境经济政策当中，如排污权交易市场等。归纳起来，实施工业水环境契约型监管的意义主要表现在：①工业水环境契约型监管以其针对性较强、行政管理及实施费用较低等特点，成为我国现行环境管理方式的补充和完善。②作为污染制造者的排污企业能够参与到水环境监管契约协商中，加深了企业对可持续发展管理理念的认识，提高了企业对政府环境制度变迁的适应性管理能力，有利于企业取得较高的市场竞争地位、较好的市场信誉和较大的经济效益，最终实现水环境质量的改善。③工业水环境监管契约机制体现了政府管理理念上的变革，真正将企业视为水环境监管的参与主体，调动了企业的积极性。这种情况表明政府已经逐渐由过去的领导者、控制者变成了环境管理的引导者和服务者，为政策性政府向服务性政府转变提供了方法。综上，工业水环境契约型监管是监管机制上的进步，是监管中信息不对称条件下委托-代理风险的规避措施，对有效解决监管者政府与被监管者企业之间的"逆向选择"和"道德风险"问题，具有重要意义。

## 3.1.2 企业水环境行为的差异性选择

企业水环境行为是指企业面对来自政府、公众、市场的环境压力，基于实现自身发展目标，对政府水环境政策和公众环境偏好，采取宏观战略和制度变革、内部具体生产调整等措施和手段。这种水环境行为包括积极行为和消极行为，是企业战略管理体系的重要组成部分[159,160]。以往工业水环境监管机制的设计和实施都是自上而下进行的，将企业视为被动的经济主体，致使政策不能很好地实施，增加环境监管的成本、降低实施效果[161]。这样的政策制定模式忽略了两方面问题：一方面，企业作为一个独立的经济个体，能够为寻求利益最大化而采取相应的策略性行为，即企业的水环境运作监管。水环境运作监管是指，企业个体面对外界监管采取最优运作的方式获得利润，而外界的监管是通过调节相关参数达到监管的目的[162,163]；另一方面，不同类型的企业对环境政策的反应是不同的：有的企业其主要目的是满足环境法律法规的基本要求，对环境政策反应比较消极，将其视为影响企业决策的非重要因素；有的企业进行生产尾水处理是为了避免环境执法者的处罚而影响企业形象，防止污染事故的发生给企业的经营业绩构成威胁；有的企业把节能减排作为创新的机会，从中寻找能够提高社会声誉和市场地位的机会；有的企业把环境与经营目标进行恰当的融合，环境保护已经成为经营管理中的有机组成部分，企业从管理理念到决策制定已经将环保视为重要的目标因素。

在工业水环境监管机制的约束下，企业将会采取何种策略行为，不仅取决于企业自身的水污染物处理成本状况、战略定位及规模实力等内部因素，还取决于国家环境保护的制度环境、地方政府环境监管机制、社会性监督等外部因素，详见表 3.1。

表 3.1　　　　　　　　　　　企业水环境行为的影响因素分析

| 因素类型 | 具体影响因素 | 因 素 分 析 |
| --- | --- | --- |
| 外部因素 | 国家环境保护政策 | 命令控制型环境政策、市场激励型环境政策 |
| | 地方政府环境监管 | 地方政府的环境监测能力、环境执法效力等 |
| | 社会性监督 | 来自上下游企业、客户、周边居民的环境压力等 |
| 内部因素 | 企业的水污染物处理成本 | 生产函数、治污技术、设备及人员等 |
| | 企业战略定位 | 定位为长远战略还是短期战略 |
| | 企业规模实力 | 规模实力为大、中、小型企业 |

企业水环境行为的选择既是企业环境战略的表现形式，也是企业整体战略管理的重要组成部分。同时，企业水环境行为的研究始终与水环境监管机制紧密相关，许多学者将环境战略纳入企业政治战略的范畴，对企业处理环境问题的态度提出了很多的分类方式，归纳起来主要有两种[164]：第一种分类方式是按照水环境行为区间划分。这种方法是从时间节点的角度出发，研究企业在一系列选择集合中的定位，目的是分析相同时间节点上不同企业水环境行为选择的差异。水环境行为区间划分方法的主要依据是企业采取什么样的态度应对水环境监管，如 Roome（1992）[165]按照企业对节能减排的主动性程度，将企业的水环境行为依次划分为五个等级：不服从、服从、服从增加、商业与环境最优、领导优势。Sharma（2000）[166]按企业对水环境法律法规的遵守程度，将企业的水环境行为定义为从服从到自觉遵守的连续变化区间。第二种分类方式是按照企业水环境行为进程划分。这种方法是从时间维度出发，研究企业水环境行为的进展，目的是分析不同时间节点上同一企业水环境行为选择的过程。水环境行为进程划分方法的主要依据是企业水处理能力和技术创新能力。Hart（1995）[167]按照企业环境技术的逐级提升，划分了四种策略选择：末端治理、污染预防、环节监控和可持续发展。Aragon-Correa（1998）[168]把企业的水环

境环境行为分为纠正性手段和预防性手段，即传统的末端治理方法和现代的清洁生产技术。

综合两种分类方式的特点，从水环境监管和企业环境技术角度确定其水环境行为选择空间，每类环境战略都体现着各异的行为特征。在面临不同的污染物排放标准时，如《污水综合排放标准》（GB 8978—1996）中的一级标准和二级标准，企业将做出不同的水环境行为决策。本书将企业水环境行为的选择划分为四种类型：合作型、机会型、风险型和适应型，见表3.2。

表 3.2 企业水环境行为选择集合

| 企业水处理成本 ＼ 水污染物排放标准 | 标准高 | 标准低 |
|---|---|---|
| 成本高 | 风险型 | 适应型 |
| 成本低 | 合作型 | 机会型 |

"风险型"的水环境行为选择是水污染物处理成本高的企业为应对较高污水排放标准而采取的一种较难完成的冒风险的反应。企业水污染物处理成本高，面对自身无法承受的污水排放标准依然选择冒险，那么将付出更高的治水成本，甚至可能影响企业的资金链，进而影响企业的生产运作。因此，这类水污染物处理成本较高的企业更有意愿选择较低的水污染物排放标准，采取"适应型"的水环境行为，通过进入排污权交易市场等其他经济方式来获得满足自身需要的排污权，降低企业的运行成本。

"机会型"的水环境行为选择是水污染物处理成本低的企业对较低污水排放标准的机会主义的反应。企业水污染物处理成本低，面对较低污水排放标准，有着本能的选择动机。但是自身利益最大化的企业从理性角度出发，会综合考虑自身水处理成本类型以及出售排污权将带来的附加收益。因此，这类水污染物处理成本较低的企业，最终会呈现出完成企业社会责任的企业形象，而选择"合作型"的水环境行为，进而获得出售排污权额外收益。

## 3.1.3 工业水环境监管契约的界定

为了缩小监管主体政府和监管客体企业两者的目标距离，削弱代理人（排污企业）对委托人（地方政府）利益的侵害，建立有效的激励、约束机制尤为重要。工业水环境监管契约机制中，契约规则的设计是该机制成功的关键。设计的要点在于通过设计合理的激励机制、约束机制与监督机制，对排污企业形成有效的约束，从而达到委托人与代理人之间最合理的均衡局面。

工业水环境监管契约规定了企业在选择相应契约后，地方政府将要执行的水污染物排放标准 $q$。为了使契约具有激励、约束和监督的效力，分别设定了以下参量：企业实现污水达标排放能够获得的政府补贴 $S(q)$；企业将要受到的监管频率 $P(q)$；企业偷排行为被发现的罚款数额 $F(q, \theta)$，$\theta$ 表示企业的处理成本类型是其私人信息。

根据上一章中对企业水环境行为的差异性选择决策分析，可知企业水污染物处理成本的高低差异，将导致排污企业做出不同的行为决策。因此，作此设定：作为委托人的地方政府，根据水污染物处理成本 $C(q_i, \theta_i)$ 的差异，将企业概化为成本高和成本低两种类型

（$\theta_1$ 表示处理成本低的企业，$\theta_2$ 表示处理成本高的企业），设定两种水污染物排放标准 $q_i$（$q_1 < q_2 = \delta q_1 \leqslant q_0$，$\delta > 1$ 为比例系数，$q_0$ 为国家标准中水污染物排放标准），提供两级监管契约 $(q_i, S_i, P_i, F_i)$，$i = 1, 2$。

通过定性分析可知，水污染物处理成本高的企业 $C_{高}(q_i, \theta_i)$ 将会产生较高浓度的污染物，污水偷排将对下游造成较严重的破坏 $D_{重}(q_i, \theta_i)$，能够向国家缴纳较高的税额 $T_{高}(q_i, \theta_i)$，偷排被发现将受到较高额度的罚款 $F_{高}(q_i, \theta_i)$，地方政府对此类企业偷排进行庇护恰好被公众发现并检举后，地方政府将受到中央政府的高额惩罚 $F_{a高}(q_i, \theta_i)$。$D(q_i, \theta_i)$、$T(q_i, \theta_i)$、$F_a(q_i, \theta_i)$ 和 $C(q_i, \theta_i)$ 均由企业类型决定，是本研究的已知量，其对应关系见表 3.3。

表 3.3　　　　　企业的水污染物处理成本类型与其他参数的对应关系

| 序号 | $C(q_i, \theta_i)$ | $D(q_i, \theta_i)$ | $T(q_i, \theta_i)$ | $F(q_i, \theta_i)$ | $F_a(q_i, \theta_i)$ |
|---|---|---|---|---|---|
| 1 | 低 | 轻 | 低 | 低 | 低 |
| 2 | 高 | 重 | 高 | 高 | 高 |

## 3.2　工业水环境监管契约中的激励约束和监督机制分析

### 3.2.1　工业水环境监管契约中的激励机制

在信息不对称的情况下，政府很难观测到企业所采取的具体行动，也就是政府无法完全了解企业在签订水环境监管契约后是否积极进行污染物减排，企业可能会先签订契约，而在实施过程中偏离其预先的承诺。在实际水环境监管契约实施过程中，企业所选取水环境行为决策一定程度上依赖于政府所提供的激励补贴程度，因而若激励补贴等契约中的条款综合作用能够使企业实现自身的目标，企业的决策就将受到监管契约的诱导从而积极地进行水污染物的处理与减排。将激励机制纳入政府给企业设计的水环境监管契约中，对政府引导企业进行水污染物治理、实现环境质量改善的目标有着非常重要的作用。

环境补贴是指在经济主体（企业等）因认识上的偏差或资金上的私有，不能有效进行环保投资的情况下，政府为了解决环保问题或出于政治、经济等原因对企业进行补贴，以帮助企业进行环保设备、环保工艺改进的一种政府行为[169]。WTO 一揽子协议中的《补贴与反补贴措施协定》关于环境补贴做出了如下规定：如果一个国家新颁布了环境保护方面的法律法规，那么为了实现新规定中做出的更加严格的目标，企业需要对现有的污染物处理设施和生产工艺等进行升级改造，而这些措施给企业带来的经济负担，为此政府可以进行适当的环境补贴。同时，环境补贴也是国有企业私有化改革后政府职能转变的体现。政府通过出售国有企业的金融资产和实物资产的所有权，包括出售政府手中大企业股权、将公有制企业招标拍卖给私人、减少政府在竞争性经济市场领域的投资。政府的管理理念和职能的价值理念发生了重大变化，并且有更多的财力、物力用来关注人的安全、健康和环境保护等社会性问题，进一步推进了监管机制的调整、改革和重塑，将社会可持续发展作为监管的具体目标[170]。

目前，环境补贴主要有直接补贴和间接补贴两种形式[171]：①直接补贴。直接补贴主要包括财政拨款、低息贷款措施。实施这些措施以激励企业开展生产废水治理以及清洁生产工艺改造等减排行动，这种补贴措施在很多国家都已经有了较好的开展经验。如美国清洁水法案中已经规定，对于废水处理新工艺、新技术的工程建设可提供85%的成本费用补贴。加拿大为鼓励本国消费者对新能源汽车的购买，从2007年起开始对每位此种汽车的消费者提供1000~2000加元的补贴[172]。意大利《水典法》规定，对工业污水净化厂的基础设施建设和改扩建工程，政府可以向企业提供高达70%的低息贷款。瑞典采取企业投资与政府补贴相结合的办法解决企业水污染控制投资问题，地方政府负责其中的30%~50%。英国、法国、德国也都对清洁能源的使用、工业和生活废物的收集处理、老工厂的技术改造等行为提供财政支持。日本几乎所有的环保法律上都规定，国家应采取必要的财政支持和相关配套措施，如提供中长期无息或低息贷款的方式来支持地方政府和企业进行污染控制的改扩建工程，并特别规定了对中小企业的扶持。②间接补贴。间接补贴又称负税或补助金，主要包括减免税收、退税、投资减税及特别扣除等。如美国有30多个州在法律中进行规定，减免垃圾回收利用项目的税收。德国水污染控制法也规定，对进行水污染物削减的单位免除排污费的征收。芬兰规定对无污染产品实施免税政策。瑞典对安装了脱硫设备的装置进行全部或部分的退税。日本为了鼓励企业进行环保投资，对法律强制使用的废水、废气削减设备免征任何不动产税，对低公害车辆减免征收产品税，对积极改进环保型设备的企业降低税收额度，反之对坚持不进行设备更新的企业增加税收额度。

本书在工业水环境监管契约中融入环境补贴政策，作为企业主动削减污染物的经济激励。从短期看，环境补贴可以激励企业主动进行节能减排、改善水环境质量；从长期看，环境补贴可以促进市场经济的优胜劣汰，使经济社会良性健康发展。地方政府不仅关心环境产出，还关心经济发展，因此在订立激励契约时，首先应订立一个企业的污染物排放标准 $q_i$，此处的排放标准依照水污染物排放标准中规定的33类工业水污染物排放标准制定，然后根据企业执行的情况进行奖励，即环境补贴：当企业以一定的水平进行废水处理时，出水水质达到污染物排放标准 $q_i$，此时企业应该享受政策的环境补贴 $S=S(q_i)$，这一补贴反映了政府对环境质量的重视程度。这种环境补贴可以弥补企业选择积极参与诚信执行所支付的高成本，将企业生产运营、污染物削减和违法偷排行为紧密地联系在一起，将传统的命令-控制手段与先进的环境经济管理政策有效地连接在一起，使环境管理手段成为一个有效的整体。

### 3.2.2 工业水环境监管契约中的约束机制

（1）环境监察执法。环境监察是依法对辖区内的单位和个人，执行环保法律法规和环境管理行政制度情况进行的现场监督检查[173]。环境监察工作在我国环境监督管理工作中发挥了非常重要的作用。环境监察的主要职责和任务是：对限期治理和限期整改项目自限期通知书下达后至验收前进行现场监督检查；对污染源单位按照规定建设污染防治设施的管理和运行情况进行现场监督检查；对建设项目施工期间环境影响评价制度和建设项目"三同时"制度执行情况进行现场监督检查。环境监察执法在控污截源、改善环境质量上发挥了重要的作用。为进一步明确环境监察的执法地位、规范环境执法行为、提高环境执法水平，国家环境保护部相继出台了《环境监察工作制度》《环境监察执法程序》《环境监察工作程序》《全国环境监察标准化建设标准》等文件。《环境监察工作制度》对各类污染源的环境监察频率做出了较为详细的规定：对重点污染源及其污染防治设施的现场环境监察每月不少于 3 次，其中暗访不少于 2 次；对一般污染源及其污染防治设施的现场环境监察每月不少于 1 次；对建设项目"三同时"、限期治理项目现场环境监察每月不少于 1 次；对主要排污企业不定期夜间巡视监察。现场环境监察以其直接、及时、准确、迅速的特点，构成了对企业环境违法行为的有力约束，然而"文件"给出的监察频次过于绝对，并不适用于每一个行业，只能给环境监察人员以宏观指引，对于具体污染问题，必须根据实际情况进行有针对性的频次制定[174]。因此，本书在工业水环境监管契约的设计中，引入地方政府水行政主管部门对企业的监察概率 $P(q_i)$，$0 \leqslant P(q_i) \leqslant 1$，根据具体类型企业的特征，科学地制定针对污染源的不定期监察频次。

（2）环境行政处罚。环境行政处罚，指环境保护监督管理部门对违反环境保护法，但尚未构成犯罪的单位或个人实施的一种行政制裁[175,176]。环境行政处罚是环境行政管理部门的一种具体行政行为，正确实施对于保障环境法律法规的效力、提高环境管理水平具有重要的意义。环境行政处罚主要分为[177]：精神罚、经济罚和行为罚三种。精神罚是一种不涉及企业的实体权利，却影响企业信誉的行政处罚方式。如对企业污染物排放行为、环境管理行为、环境社会行为、环境守法或违法行为等进行等级划分，建立企业环境信用度综合评价定级等。经济罚是指使违法排污企业的财产权利受到损害，以惩罚其违法行为的行政处罚方式。行为罚是指责令违法排污的企业停止生产停业、暂扣或吊销许可证等的行政处罚方式。

我国的水污染防治法规定了对以下行为进行行政处罚：违反环境管理程序的违法行为，包括违反排污申报、排污许可证、排污收费管理、环境影响评价规定以及妨碍执法检查行为；违法贮存、堆放、弃置、倾倒、排放污染物和废弃物行为，未造成污染事故、一次性短期违法行为；违反治污设施使用规定造成超标排放的行为；造成污染事故和重大经济损失的违法行为；违反饮用水水源管理规定，可能对健康、生命安全造成潜在影响的行为。

《水污染防治法实施细则》的处罚规定存在以下特点[178]：经济处罚是现行《水污染防治法》使用频率最高的重要处罚手段之一；所有规定经济处罚的条款都规定了处罚总额的上限；在处罚上限范围内没有规定具体的处罚数额确定依据；处罚额是针对"一次"违法行为的静态绝对处罚值。

尽管设定上限的经济罚方式在实际操作中的确有简单、明晰的适用优势，但它在精密调控社会环境关系、实现处罚的有效性和预防性方面仍存在很大的局限。一方面，企业环境违法是为了获取更大的收益，这种收益不仅包括违法排污所逃避的环境支出，还包括节省成本、降低产品价格而带来的市场占有率提升等。科学、有效的环境行政处罚额度，首先应该以违法所得为基准。其次，环境行政处罚应当充分体现污染行为与环境损害的相关性。而固定上限的经济罚方式在度量违法情节、后果迥然的环境违法行为时往往遇到较大困难。另一方面，这种处罚方式难以适应社会经济的不断进步及环境意识的不断深入。物价指数、消费指数、通货膨胀等经济指标都处于不断变化之中，罚款数额相对固定的处罚方式既不能与时俱进地保证应有的惩罚效力，也不能充分处理不同经济社会发展阶段的处罚公平性问题。因此，本书在工业水环境监管契约的设定中，综合考虑了企业的水污染物处理成本类型 $\theta_i$，受到地方政府的监管概率 $P(q_i)$，偷排行为被公众参与发现并揭发而受到罚款的概率 $\lambda$，偷排将对下游造成的破坏损失 $D(q_i, \theta_i)$，能够向国家缴纳的税额 $T(q_i, \theta_i)$，综合度量环境行政处罚额度 $F(q_i, \theta_i)$。

现行的环境行政处罚为一次性"绝对静态"处罚，即针对违法排污企业的"一次"违法行为进行处罚。该处罚设定了一个总额的上限，而这个上限并不会因违法行为的时间长短而有所变化，处罚上限值对持续"一天"还是"一个月"的违法行为同等适用，这就使得违法的时间越长反而经济收益越高，在这种情况下即使偷排企业受到环境行政处罚，也不会自动中止其违法行为。面对这种"绝对静态"的处罚模式，理论界和政策制定者都在寻求解决办法。汪劲[179]等研究得出，美国、加拿大等国家和中国香港地区对于持续的环境违法行为直接进行按日连续处罚；中国台湾地区和法国等，对于环境违法行为不论是否持续先作为"一次"进行处罚，然后通过行政命令责令限期改正，若期满仍未改正的再从责令限期改正命令发布之日起按日连续处罚，即作为对违反行政命令的行政强制手段而非行政处罚。无论采用哪种模式，都需要科学地度量罚款额度，以辅助连续处罚政策的实施。因此，在本章第三节内容中，考虑企业的水污染物排放随时间变化的特点，构建水环境监管下企业最优控制策略模型，设计得出随时间变化的、动态连续环境行政处罚额度：$t$ 时刻企业偷排污水后将面临的惩罚 $F_t(q_i, \theta_i)$。

### 3.2.3 工业水环境监管契约中的监督机制

环境行政执法是工业水环境监管机制运行的主要手段，但是我国目前的环境行政执法过程还存在很多问题，如环境行政主管部门审批把关不严、执法力度不够、疏于监管、惩治违法行为敷衍了事、督察落实不到位等。对环境行政执法进行有效的监督，是工业水环境监管机制中不可缺少的一个重要环节。因此，本书在工业水环境监管契约机制的设计过程中，引入了中央的司法和行政监管，以及公众参与的社会性监督：①中央的司法和行政监管。在工业水环境监管模型中，引入地方政府及其环境行政主管部门对违法排污企业进行庇护恰好被公众参与发现并检举后，地方政府将受到中央政府的处罚 $F_a(q_i, \theta_i)$。通过 $F_a(q_i, \theta_i)$ 这一量值来体现中央的司法和行政监管。②公众参与机制。工业水环境监管模型中，引入企业偷排污水或地方政府庇护行为被公众参与检举的概率 $\lambda$，即公众参与程度 $0 \leqslant \lambda \leqslant 1$。通过 $\lambda$ 这一量值来体现公众参与的社会性监督。下面分别对这两个监督机制展开分析。

（1）工业水环境监管中的中央监察。环境行政执法的司法监督在《中华人民共和国行政诉讼法》第 5 条中规定：人民法院审理行政案件，对具体行政行为是否合法进行审查。环境行政公益诉讼规定，当环境行政机关的违法行为或不作为对公众环境权益造成侵害或有侵害可能时，法院允许无直接利害关系人为维护公众环境权益而提起行政诉讼，要求行政机关履行法定职责或纠正、停止其侵害行为[180]。但就环境行政执法自由裁量权行使的监督方面，司法审查受到较大的限制。环境行政执法自由裁量权的行使涉及了如监测技术、监管人员、执行效率等多方面环境保护的专业知识，司法机构通常很难进行正确的判断。因此，司法监督只能作为环境行政执法监督体系中的一部分，在监管机制设计和执法程序上进行审查。

关于环境行政执法的监督，上级环境行政主管部门更能清楚地了解下级主管部门的专业性问题。目前，环保部出台了相关的《环境监察工作稽查办法》和《关于印发〈规范环境行政处罚自由裁量权若干意见〉的通知》对行政监督做出要求。原国家环境保护总局2007年2月发布公告《环境监察工作稽查办法（征求意见稿）》中规定：上级环境保护部门对下级环境保护部门及其工作人员，在环境监察工作中依法履行职责、行使职权和遵守纪律情况进行监督、检查。稽查对象存在弄虚作假或故意隐瞒案情导致错误定案的，超范围、超幅度、超权限执法等滥用职权造成严重后果的，为被检查单位通风报信或者包庇纵容环境保护违法行为等恶劣行为的，实施环境监察稽查的环境保护部门应对直接责任人员应暂扣或收回《中国环境监察执法证》，造成严重后果的可建议其所在环境保护部门将其调离执法岗位。稽查过程中，实施环境监察稽查的环境保护部门发现稽查对象存在贪污受贿、渎职等依法应追究刑事责任行为，并及时将案件相关材料移送司法机关。环保部2009年2月发布的《关于印发〈规范环境行政处罚自由裁量权若干意见〉的通知》中规定：各级环保部门应当建立健全环境行政处罚自由裁量权的监督机制。在环境行政处罚案卷评查、行政执法评议考核、环境行政复议和环境信访等监督工作中，要对行政处罚自由裁量权的合理合法性进行审查，对于行使行政处罚自由裁量权明显不当、显失公正或者其他不规范的情形，要坚决依法予以纠正。2011年3月，环保部正式实施的《环境行政执法后督察办法》规定，对下级人民政府环境保护主管部门做出的环境行政处罚、行政命令等具体行政行为，上级人民政府环境保护主管部门可以按照本办法的规定对其执行情况进行后督察，并将督察情况、存在问题、处理意见等及时向下级人民政府环境保护主管部门反馈，同时责成下级人民政府环境行政主管部门依法进行处罚或者处理。必要时，上级人民政府环境行政主管部门可以向相关地方人民政府进行反馈，或者联合纪检监察机关进行调查，追究有关责任人的行政责任。后督察人员在环境行政执法后督察过程中滥用职权、玩忽职守、徇私舞弊的依法进行处分，涉嫌犯罪的依法移送司法机关追究刑事责任。

（2）工业水环境监管中的公众参与。由于工业水环境监管的过程实际上是对不同参与主体的利益进行调和的过程，如果将监管所影响到的利益相关者纳入水环境决策及执行的过程中，提供各个不同的环境利益相关主体参与的机会，为他们提供协商讨论的机会，在对话交流的基础上达成妥协[181]。这样工业水环境监管的过程将是一个各种利益表达、交流、协商的民主的过程，将因公众参与而得到了人们的认同。与此同时，需要为各个利益相关者参与监管提供公平、公正、公开的参与程序，并且应该提供必要的、充分的信息。最后，还需要保障各方可以平等交流，而非迫于行政压力或强势利益集团压力做出妥协。

我国《宪法》第2条规定：人民依照法律规定，通过各种途径和形式，管理国家事务，管理经济和文化事业，管理社会事务。这是我国公民参与环境事务的宪法依据。《环境保护法》第6条规定：一切单位和个人都有保护环境的义务，并有权对污染和破坏环境的单位和个人进行检举和控告。1992年里约环境与发展大会通过了《21世纪议程》之后，中国于 1994 年由国家计划委员会和国家科学技术委员会牵头编制了《中国 21 世纪议程——中国 21 世纪人口、环境与发展白皮书》,白皮书意味着公众参与环境保护得到了国家的正式确认。1996 年《国务院关于环境保护若干问题的决定》第 10 条规定:建立公众参与机制,发挥社会团体的作用,鼓励公众参与环境保护工作,检举和揭发各种违反环境保护法律法规的行为。2002 年颁布的《环境影响评价法》对环境影响评价中的公众参与作了进一步具体的规定。2006 年 2 月 14 日,原国家环保总局正式发布了《环境影响评价公众参与执行办法》,明确了公众参与的权利和具体程序。

伴随着相关法律、法规的陆续出台和完善,在我国的环境法中公众参与的规则已初步建立。从立法本意而言,广大的公众依照这些法律已经可以达成参与环境事务的目的。但是,我国的环境法中公众参与的规则真正应用到实践方面仍然存在很大不足。在《公众参与环境影响评价暂行条例》实施的背景下,我国的公众参与只是在建设项目环境影响评价方面,形成了正式的法律和具体程序,而对其他环境保护方面的公众参与,尤其是公众对排污企业的环境违法行为进行社会性监督方面,还基本是空白。在工业水环境监管中,缺乏公众参与的具体程序规定和程序法的保障,公众及非政府组织的权利、义务只能是一纸空文[182]。我国的环境管理以政府行政管理为主,环境行政管理的公正与否关系到公众知情权的保障和公众参与的实现。我国现行的《水环境保护法》及有关单行法规中,都缺乏公众参与决策和治理的程序性规定[183]。要实现中央-地方-公众合作的工业水环境契约监管模式,推进公众参与,需要从以下几个方面进行制度安排:①明确公众参与环境保护的权利,保障公众对环境事务的知情权、参与权、表达权、监督权和司法救济权,加强公众参与水环境监管的法制建设;②倡导环境公益的理念,促进公众的环境意识和提高公众参与的主动性,巩固公众参与环境保护的社会基础;③推进《环境信息公开办法(试行)》的落实,提升环境信息公开的程度;④建立政府、企业、公众的交流平台,提高公众参与效率、降低公众参与的交易成本。

## 3.3　工业水环境监管契约的企业参与约束

通过签订预先契约的方式来解决工业水环境监管问题,虽然可以减少交易成本,但地方政府不能时时监测到排污企业选择了什么行动,能观测到的只是另一些变量,这些变量由排污企业的行动和其他外生的随机因素共同决定,最终也只是排污企业的不完全信息。而企业往往会不努力处理生产废水,甚至偷停处理设备、间歇性偷排生产废水,以牟取非法利益,这样排污企业随时都可能出现“道德风险”问题。因此,在工业水环境监管机制设计的过程中,如何设计和实施一些特别的契约安排来控制委托-代理风险就非常必要。为了克服监管中的“逆向选择”和“道德风险”问题,排污企业必然面临两个约束。第一是参与约束,即排污企业从接受契约中获得的利润不小于拒绝时得到的利润,排污企业才有接受契约参与这种委托-代理关系的积极性。第二是激励相容约束,即只有当排污企业选择地方政府所希望的行动时获得的利润不小于选择其他行动时得到的利润,排污企业才有动力选择地方政府希望的行动。

首先,研究工业水环境监管委托-代理问题的参与约束情况。企业如何根据外部环境和自身因素合理地决策水污染物动态排放控制策略，政府制定什么样的水环境监管机制能够引导企业实现自觉治污，这都需要在明确企业水环境行为作用机理的基础上展开研究。在 3.1 节提出的工业水环境契约型监管，为简化企业的参与约束问题研究，考虑只存在环境监察执法和环境行政处罚的情况下，企业对水环境契约型监管的参与情况。因为在没有环境补贴的情况下，也能够实现企业的自觉参与，那么增加环境补贴的激励，更会达到同样的参与结果。因此，本节克服将企业视为被动主体的观念，引入企业策略性行为，研究其最优水污染物排放控制策略。考虑到企业的水污染物排放随时间变化的特点，采用探求控制动态系统决策问题的最优控制理论，构建水环境监管下企业最优控制策略模型，得出在不同的政策条件下企业将采取的最优水污染物动态排放控制策略。

### 3.3.1　模型假设及参数设定

**假设 1**：本文工业水环境监管机制包括环境行政处罚、环境监察执法、公众参与和渎职监督。$t$ 时刻企业偷排污水后将面临的惩罚数额 $F_t$，作为环境行政处罚的度量标准；地方政府水行政主管部门对企业的监察概率 $P(0 \leqslant P \leqslant 1)$，作为环境监察执法的度量标准；$\lambda(0 \leqslant \lambda \leqslant 1)$ 为企业偷排污水或地方政府庇护行为被公众参与检举的概率，作为公众参与的度量标准；$\eta(0 \leqslant \eta \leqslant 1)$ 为地方政府对排污企业进行庇护（监察到企业偷排污水而不进行惩罚）的概率，作为渎职监督的度量标准。

**假设 2**：企业有自己的水污染物处理设施，在工业水环境监管制度下，企业有两种行为选择：企业守法排污，此时企业会将全部生产废水注入水处理设施进行污染物削减，以实现达标排放；企业存在违法偷排动机，此时企业会将一部分生产废水在进入水处理设施前进行偷排，以降低处理成本。

**假设 3**：企业的目标为在地方政府工业水环境监管的情况下最大化自身利益；地方政府出于经济发展考虑，存在庇护企业排污行为的意愿；在监管机构未抽检时期，企业的偷排行为存在被公众发现并检举的可能性。

为了叙述工业水环境监管下企业最优控制策略模型，特定义下面的参量：

状态变量 $x(t)$，$t$ 时刻企业生产废水的处理量。

控制变量 $u(t)$，$t$ 时刻企业生产废水未进入水处理设施而进行偷排的速率。

外界函数 $Q(t)$，$t$ 时刻企业生产废水的产生速率 [设为恒定不变即 $Q(t)=Q(0)$]

参数：$\rho$ 为非负的常值贴现率；$\omega$ 为伴随变量；$\delta$ 为企业水处理过程中跑冒滴漏的损耗系数；$\varphi_1$、$\varphi_2$ 为拉格朗日乘子；$P$ 为地方政府水行政主管部门对企业的监察概率（$0 \leqslant P \leqslant 1$）；$F_t$ 为 $t$ 时刻企业偷排污水后将面临的惩罚数额，$f$ 为单位水污染物处罚额度；$C_t$ 为 $t$ 时刻企业的水污染物处理成本，$c$ 为成本系数；$[Q(t)-u(t)-\delta x(t)]$ 为 $t$ 时刻的水处理速率。

设 $t$ 时刻企业的水污染物处理成本 $C_t$，是成本系数与单位时间处理污水量的乘积，即：$C_t = c[Q(t)-u(t)-\delta x(t)]$。

设 $t$ 时刻企业偷排污水后将面临的惩罚数额 $F_t$，是企业偷排单位水污染物处罚额度、被处罚概率与 $t$ 时刻企业偷排速率 $u(t)$ 三者的乘积，即

$$F_t = f\{P[\eta\lambda + (1-\eta)] + (1-P)\lambda\}u(t) = fMu(t) \qquad (3.1)$$

式中，设被处罚概率 $\{P[\eta\lambda + (1-\eta)] + (1-P)\lambda\} = M$，由 $P[\eta\lambda + (1-\eta)]$ 和 $(1-$

$P)\lambda$ 两部分组成，第一部分是在地方政府执行监管的情况下 $P$，政府庇护企业而恰恰被公众参与发现并揭发而受到处罚的概率 $\eta \cdot \lambda$，以及政府严格执行监管而受到的罚款的概率 $(1-\eta)$；第二部分是在地方政府没有监管的期间内 $(1-P)$，企业偷排行为被公众参与发现并揭发而受到罚款的概率 $\lambda$。

### 3.3.2  企业最优控制策略模型构建

假定企业根据工业水环境监管机制的参数设计进行行为决策。在时间区间 $[0，T]$ 之内，企业的目标函数为

$$\max_{u(t)\in\Omega(t)}\left\{\begin{aligned}J&=\int_0^T -e^{-\rho t}\{F_t+C_t\}\mathrm{d}t\\&=\int_0^T -e^{-\rho t}\{fM\cdot u(t)+c[Q(t)-u(t)-\delta x(t)]\}\mathrm{d}t\end{aligned}\right\}，i=1，2 \quad (3.2)$$

企业水污染物削减量的变化率可用下面的模型表示

$$\frac{\mathrm{d}x(t)}{\mathrm{d}t}=g(t，x(t)，u(t))=Q(t)-u(t)-\delta\cdot x(t)，x(0)=x_0=0 \quad (3.3)$$

满足约束 $0\leqslant u(t)\leqslant Q(t)$，即 $u(t)\geqslant 0$，$Q(t)-u(t)\geqslant 0$
其中 $x(0)=x_0=0$ 给定，且 $x(t)\geqslant 0$，$\rho$ 为贴现因子。

因此，政府工业水环境监管下企业的最优控制策略模型为

$$\max_{0\leqslant u(t)\leqslant Q(t)}\left\{J=\int_0^T -e^{-\rho t}\{fMu(t)+c[Q(t)-u(t)-\delta x(t)]\}\mathrm{d}t\right\}$$
$$s.t. \frac{\mathrm{d}x(t)}{\mathrm{d}t}=Q(t)-u(t)-\delta\cdot x(t)，x(0)=x_0=0 \quad (3.4)$$
$$u(t)\geqslant 0，Q(t)-u(t)\geqslant 0，x(t)\geqslant 0$$

### 3.3.3  企业最优控制策略模型求解

采用最优控制中极大值原理来解决企业水污染物处理量的最优决策问题。首先构成即时值哈密尔顿函数

$$H=e^{-\rho t}\left\{\begin{aligned}&-f[M]u(t)-c[Q(t)-u(t)-\delta x(t)]\\&+\omega(t)[Q(t)-u(t)-\delta x(t)]+\varphi_1 u(t)+\varphi_2[Q(t)-u(t)]\end{aligned}\right\}$$
$$=e^{-\rho t}\tilde{H} \quad (3.5)$$

我们把 $\tilde{H}$ 称为现值 Hamilton 函数，$\omega(t)$ 为现值的 Hamilton 乘子，表示 $t$ 时刻企业水处理设施对企业生产废水的累积处理量 $x(t)$ 的边际值，即 $\omega(t)$ 表示在 $t$ 时刻状态变量增加一个单位所带来的最优值改变是多少个单位，也称作状态变量的影子价格。

本模型的最优轨迹必须满足下面的方程

$$\frac{\partial\tilde{H}}{\partial u}=c-fM-\omega(t)+\varphi_1-\varphi_2=0 \quad (3.6)$$

式中 $\varphi_1$、$\varphi_2$ 满足互补松弛条件

$$\varphi_1\geqslant 0，u(t)\geqslant 0，\varphi_1 u(t)=0 \quad (3.7)$$

$$\varphi_2 \geqslant 0, \quad Q(t) - u(t) \geqslant 0, \quad \varphi_2[Q(t) - u(t)] = 0 \tag{3.8}$$

如果 $\varphi_2 \geqslant 0$，则 $Q(t) - u(t) = 0$，从而 $\varphi_1 = 0$。此时，最优条件可以写成：$\varphi_2 = c - fM - \omega(t)$，即当 $c - fM - \omega(t) > 0$ 时，最优控制变量 $u(t) = Q(t)$。

如果 $\varphi_1 > 0$，则 $u(t) = 0$，从而 $\varphi_2 = 0$。此时，最优条件可以写成：$\varphi_1 = \omega(t) - c + fM$，即当 $c - fM - \omega(t) < 0$ 时，最优控制变量 $u(t) = 0$。

如果 $\varphi_1 = 0$ 且 $\varphi_2 = 0$，$u^*(t)$ 取值不确定。此时，最优条件可以写成：$c - fM - \omega(t) = 0$，即当 $c - fM - \omega(t) = 0$ 时，最优控制变量 $u^*(t)$ 取值不确定，是奇异控制时刻。

由 Hamilton 函数可得伴随向量满足下面的微分方程

$$\frac{\mathrm{d}\omega}{\mathrm{d}t} = \rho\omega(t) - \frac{\partial \widetilde{H}}{\partial x} = (\rho + \delta)\omega(t) - c\delta \tag{3.9}$$

又由横截条件 $\omega(T) = 0$，得出

$$\omega(t) = \frac{c\delta}{\rho + \delta}[1 - e^{(\rho+\delta)(t-T)}] \tag{3.10}$$

由 $0 \leqslant t \leqslant T$，可得 $0 \leqslant \omega(t) \leqslant \dfrac{c\delta}{\rho+\delta}[1 - e^{-(\rho+\delta)T}]$，则

$$\{c - fM - \omega(t)\} \in \left[ c\left(\frac{\rho}{\rho+\delta} + \frac{\delta}{\rho+\delta}e^{-(\rho+\delta)T}\right) - f[M], \ c - f[M] \right] \tag{3.11}$$

因此，得出以下结论：

（1）当 $c - fM - \omega(t) > 0$ 时，$u^*(t) = Q(t)$，要求

$$c\left[\frac{\rho}{\rho+\delta} + \frac{\delta}{\rho+\delta}e^{-(\rho+\delta)T}\right] - fM > 0 \tag{3.12}$$

但很明显，此时的企业最优控制偷排速率不是环境保护所期望的企业行为。

（2）当 $c - fM - \omega(t) = 0$ 时，$u^*(t)$ 不确定，这是奇异控制的时刻。这种情况也非环境保护所期望的企业行为。

（3）当 $c - fM - \omega(t) < 0$ 时，$u^*(t) = 0$，要求 $c - fM < 0$。此时的企业最优控制偷排速率 $u^*(t) = 0$ 也是环境保护所期望的企业行为，是设计监管激励机制希望达到的最终目标。因此，求出此时的 $f$，能迫使企业选择对污染物进行零偷排。根据最优排污控制策略成立的条件，在理论方面得出 $f$ 的量值方法，即取临界值并求解，得出政府对企业偷排单位水污染物的处罚额度如下：

$$f = \frac{c}{P[\eta\lambda + (1-\eta)] + (1-P)\lambda} \tag{3.13}$$

从企业行为视角出发，合理设计相应的企业偷排单位水污染物处罚额度 $f$，即可约束企业使其停止偷排行为，而 $f$ 正是政府工业水环境监管机制能够控制的变量，因此在监管概率 $P$、庇护概率 $\eta$、公众参与程度 $\lambda$ 一定的情况下，满足式（3.13）所示的条件，即可求出工业水环境监管机制中单位污染物偷排的行政处罚额度 $f$，此时企业存在唯一的最优水污染物动态排放控制策略 $u^*(t) = 0$ 使期望收益最大。

### 3.3.4　最优控制策略模型结果的参数分析

将式（3.13）中的政府对企业偷排单位水污染物的处罚额度 $f$ 分别对公众参与程度

$\lambda$、地方政府对企业进行庇护的概率 $\eta$、地方政府对企业的监管概率 $P$ 求一阶导数，可以得出如下关系：$\frac{\partial f}{\partial P} < 0$、$\frac{\partial f}{\partial \eta} > 0$、$\frac{\partial f}{\partial \lambda} < 0$。观察这三个参数与 $f$ 的关系，可以发现监管概率 $P$ 的提高、地方政府与企业庇护概率 $\eta$ 的降低、公众参与程度 $\lambda$ 的提高都能够在调低 $f$ 的情况下同样达到企业停止偷排的效果，详见表3.4。而较低的 $f$ 有利于降低企业与地方政府的利益冲突，因此政府采取有效的政策措施调整这些参数值，可以提高地方政府工业水环境监管的可实施性，进而实现改善水环境质量的最终目标。

表 3.4 企业最优控制策略模型参数的比较静态分析

| 企业外界环境参数 | 参数变化 | 企业偷排单位水污染物处罚额度 $f$ |
|---|---|---|
| 监管概率 $P$ | 上升 | 下降 |
| | 下降 | 上升 |
| 地方政府庇护企业的概率 $\eta$ | 上升 | 上升 |
| | 下降 | 下降 |
| 公众参与程度 $\lambda$ | 上升 | 下降 |
| | 下降 | 上升 |

# 3.4 工业水环境监管的最优契约设计

在工业水环境监管的实施阶段，地方政府通过了解、分析排污企业的背景信息（诸如以往水污染物排放情况、处理能力、企业规模、信用水平等），签订水环境监管契约。在这里，地方政府不能直接观测到排污企业选择了什么行动，只有排污企业水污染物处理类型的不完全信息。政府如何根据这些观测到的信息来设计具有激励约束监督效力的工业水环境监管契约，如何通过契约得到环境补贴激励、环境监察执法和环境行政处罚约束、中央监察和公众参与监督机制的协调，以激励企业选择对应其水污染物处理成本类型的行动。下面就通过建立一个数学模型，从地方政府的角度讨论最优工业水环境监管契约设计的问题。

## 3.4.1 模型假设

作为环境监管部门的地方政府，具有监管水体污染、责令污染限期治理、编制组织实施排污费征收等职能。但限于监管成本，地方政府无法完全了解企业对生产尾水的处理情况，企业会从自身利益出发有意隐藏成本信息，因此可能导致隐藏行动的"道德风险"问题产生。工业水环境监管中，地方政府为委托人，企业为代理人。

模型的构建遵循下列假设条件：委托人和代理人均为风险中性，即双方都同样关心经济效益和环境效益。

**假设 1**：当企业实现水污染物达标排放时，政府将根据企业执行的情况进行奖励。这种奖励以激励补偿的形式体现，即当企业的生产出水恰好达到环境法规要求的水污染物排放标准时，企业应该享受政策的环境补贴，该补贴反映了政府对环境的重视程度。

**假设 2**：工业水环境监管契约机制可以促进排污企业（代理人）污染治理的技术创新，

使他们能够根据自身的情况和外界环境选择各自的决策行为。边际治理成本较高的企业可能成为市场中的需求者，倾向于选择较低的水污染物排放标准，将其不能完成的排污削减份额从其他企业获得以降低其污染控制成本。相反，边际治理成本较低的企业可能成为市场中的供给者，倾向于选择较高的排放标准，将其节省下来的排污削减份额进行出售。

**假设 3**：在工业水环境监管契约机制执行的过程中，地方政府及环境行政主管部门存在庇护企业偷排的动机。如果地方政府对企业偷排行为进行庇护，恰好被公众发现并向上级国家机关检举，此时地方政府和企业都将受到惩罚。在地方政府环境行政主管部门未进行监察时，企业偷排存在被公众发现并检举的可能性。

**假设 4**：当企业直接或者间接向水体排放污染物超过国家和地方规定的水污染物排放标准，或者排放重点水污染物超过总量控制指标时，会受到环境行政主管部门处罚。例如，根据富春江水污染防治条例第六十条违反本条例第二十三条规定，由环境保护部门责令停产整顿，并应缴纳排污费数额两倍以上五倍以下的罚款。

### 3.4.2　工业水环境监管下地方政府的目标函数和约束条件

（1）地方政府的目标函数。假设 $g(q_i)$ 为企业治理生产废水的努力水平，$g(q_i)$ 是企业水污染物处理后出水水质 $q_i$ 的函数，企业治理生产废水的努力水平可以体现为企业环境管理投资、管理努力及工作人员的环保培训等，而这些在工业水环境监管中无法衡量，从而无法在监管契约中加以规定[184]；$\varepsilon$ 是一个均值为零、方差为 $\sigma^2$ 的正态分布随机变量；$\pi_k(q_i)$ 为企业行使并完成社会责任治理生产废水所产生的附加经济收益，这种附加经济收益是企业公众形象的改善而带来的市场销售份额的扩大等情况，$\pi_k(q_i) = kg(q_i) + \varepsilon$，$k$ 是企业附加经济收益的产出因子（$k \in R$，$k \geqslant 0$）；$\pi_l(q_i)$ 为企业行使并完成社会责任治理生产废水给社会带来的环境收益，$\pi_l(q_i) = lg(q_i) + \varepsilon$，$l$ 是企业的环境收益产出因子（$l \in R$，$l \geqslant 0$）。由于地方政府处于信息劣势，需要对企业水污染物处理的成本类型进行推测，设 $\alpha_i$（$0 \leqslant \alpha_i \leqslant 1$，$\alpha_1 + \alpha_2 = 1$，$\beta_i$（$0 \leqslant \beta_i \leqslant 1$，$\beta_1 + \beta_2 = 1$）是对成本形式为 $\theta = \theta_i$ 的推测概率，$\gamma_i \in (\alpha_i, \beta_i)$；$C_r$（$C_r \in R$）是工业环境监察执法成本。地方政府水环境监管的期望环境效用为从每个企业获得的环境收益，减去环境监察执法成本和为企业支付的补贴成本，具体如下：

$$\max E(q_i) = \sum_{i=1}^{2} \gamma_i [l \cdot g(q_i) - P(q_i) \cdot C_r - S(q_i)], \quad i = 1, 2 \tag{3.14}$$

（2）约束条件。本节主要研究激励相容约束，只有当排污企业选择地方政府所希望的行动时得到的利润不小于他选择其他行动时得到的利润，排污企业才有动力选择地方政府希望的行动。

假设监管频率、公众参与程度、奖励以及罚款额度足以诱导企业选择对应类型的水环境监管契约。执行契约后企业遵守契约利润为 $\Pi(\pi_k, q_i, S_i; \theta_i) = \pi_k(q_i) + S(q_i) - C(q_i, \theta_i)$，因此当面对两种合同选择时，激励相容要求为 $\Pi(\pi, q_i, S_i; \theta_i) \geqslant \Pi(\pi, q_j, S_j; \theta_i)$，即

$$S(q_i) - C(q_i, \theta_i) \geqslant S(q_j) - C(q_j, \theta_i) \tag{3.15}$$

本书设计的具有激励-约束-监督效力的工业水环境监管契约，不仅考虑企业受到的约束，还兼顾了地方政府受到的约束，首先来分析排污企业受到的约束。

1）企业遵守约束。设 $\eta$ 为地方政府庇护企业偷排的概率（$0 \leqslant \eta \leqslant 1$），$\lambda$ 为企业偷排或地方政府庇护被公众发现并检举的概率（$0 \leqslant \lambda \leqslant 1$）。如果一个企业决定不执行契约，它将事实上不处理任何污染。因此，在企业选择对应类型契约但仍违法排污时，利润为 $\pi_k(q_i) + S(q_i) - F(q_i, \theta_i)\{P(q_i)[1-(1-\lambda)\eta] + [1-P(q_i)]\lambda\}$，执行对应类型契约时，利润为 $\pi_k(q_i) + S_i(q_i) - C(q_i, \theta_i)$，则遵守约束如下：

$$C(q_i, \theta_i) \leqslant F(q_i, \theta_i)\{P(q_i)[1-(1-\lambda)\eta] + [1-P(q_i)]\lambda\} \tag{3.16}$$

2）激励相容和执行约束的混合约束。激励约束监督契约的设计目标是使排污企业选择对应契约并严格执行。但如果在企业选择了其他类型的契约并偷排时，利润为 $\pi_k(q_i) + S(q_j) - F(q_j, \theta_i)\{P(q_j)[1-(1-\lambda)\eta] + [1-P(q_j)]\lambda\}$，执行对应类型的契约时，利润为 $\pi_k(q_i) + S(q_i) - C(q_i, \theta_i)$，则混合约束如下：

$$S(q_i) - C(q_i, \theta_i) \geqslant S(q_j) - F(q_j, \theta_i)\{P(q_j)[1-(1-\lambda)\eta] + [1-P(q_j)]\lambda\}$$

$$\tag{3.17}$$

3）水功能区划内水环境容量的总量控制约束。根据企业所在水功能区划内的容量总量控制目标，对水污染物排放权进行初始分配。设企业的初始排放权为 $Q_i$，契约期为 $\Delta t_i$，每天企业排放污水总体积为 $V_i$，在契约期内企业的排污量为 $q_i V_i \Delta t_i$，则总量控制约束如下：

$$q_i V_i \Delta t_i \leqslant Q_i \tag{3.18}$$

下面分析地方政府受到的约束。地方政府出于经济发展需要可能会庇护企业偷排，在设计监管契约时，需要考虑其非严格执法将受到社会性监督以及中央政府制裁，因此监管契约的制定应有地方政府严格执法的行为约束。假设监测技术无误，地方政府庇护企业偷排时环境效用函数为 $\pi_l(q_i) - C_r - \lambda T(q_i, \theta_i) - \lambda F_a(q_i, \theta_i) - S(q_i) - D(q_i, \theta_i) + \lambda F(q_i, \theta_i)$，地方政府严格执法时环境效用函数为 $\pi_l(q_i) + F(q_i, \theta_i) - C_r - T(q_i, \theta_i) - S(q_i)$，则严格执法约束如下：

$$(1-\lambda)F(q_i, \theta_i) - (1-\lambda)T(q_i, \theta_i) + \lambda F_a(q_i, \theta_i) + D(q_i, \theta_i) \geqslant 0, \quad i = 1, 2$$

$$\tag{3.19}$$

### 3.4.3 工业水环境契约监管模型构建及求解

综上分析，地方政府作为委托人的工业水环境契约监管模型如下：

$$
\begin{cases}
\max E(q_i) = \displaystyle\sum_{i=1}^{2} \gamma_i \big[ \lg(q_i) - P(q_i)C_r - S(q_i) \big] \\
\text{s.t. } \pi_k(q_i) + S(q_i) - C(q_i, \theta_i) \geqslant 0 \\
\quad S(q_i) - C(q_i, \theta_i) \geqslant S(q_j) - C(q_j, \theta_i) \\
\quad C(q_i, \theta_i) \leqslant F(q_i, \theta_i)\{P(q_i)[1-(1-\lambda)\eta] + [1-P(q_i)]\lambda\} \\
\quad S(q_i) - C(q_i, \theta_i) \geqslant S(q_j) - F(q_j, \theta_i)\{P(q_j)[1-(1-\lambda)\eta] + [1-P(q_j)]\lambda\} \\
\quad (1-\lambda)F(q_i, \theta_i) - (1-\lambda)T(q_i, \theta_i) + \lambda F_a(q_i, \theta_i) + D(q_i, \theta_i) \geqslant 0 \\
\quad q_i \cdot V_i \cdot \Delta t_i \leqslant Q_i, \quad i = 1, 2 \quad j = 1, 2 \quad i \neq j
\end{cases}
$$

$$\tag{3.20}$$

运用不等式约束的极大化库恩-塔克条件，构造相应的拉格朗日函数求解模型（3.20），由最大化一阶条件［FOC］得到

$$
\begin{cases}
q_i{}^* = \dfrac{Q_i}{V_i \Delta t_i}; \\[2mm]
P(q_i)^* = \dfrac{C(q_i, \theta_i) - \lambda F(q_i, \theta_i)^*}{(1-\lambda)(1-\eta) F(q_i, \theta_i)^*}; \\[2mm]
S(q_1)^* = \dfrac{\left\{\begin{array}{l}(l \cdot \gamma_1 + l \cdot \gamma_2 + k \cdot \gamma_2)C(q_1, \theta_1) - [P(q_1)^* \gamma_1 \\ + \gamma_2 P(\delta q_1)^*]k \cdot C_r + l\gamma_2 C(\delta q_1, \theta_2) - (\gamma_2 l + \gamma_2 k) \cdot C(\delta q_1, \theta_1)\end{array}\right\}}{(l+k)(\gamma_1 + \gamma_2)} \\[2mm]
S(\delta q_1)^* = C(q_1, \theta_2) - C(\delta q_1, \theta_2) + S(q_1)^* \\[2mm]
F(q_i, \theta_i)^* = F(q_j, \theta_i)^* = \dfrac{(1-\lambda)T(q_i, \theta_i) - \lambda F_a(q_i, \theta_i) - D(q_i, \theta_i)}{(1-\lambda)}
\end{cases}
$$

$$(3.21)$$

至此，在具有激励-约束-监督效力的工业水环境监管契约的基础上，建立地方政府与排污企业的委托-代理模型，通过求解得出监管契约中污水排放标准、监管频率、补偿额度以及罚款数额的最优值。这些量值的得出显示了实现企业的守法排污，并不是一味地提高补贴额度和加大惩罚力度就能够解决的。污染物总量控制目标的最优监管机制设计，需要环境补贴、偷排处罚和监察频率等多种因素的统一，且分别存在一个较优的量值。

### 3.4.4　工业水环境契约监管模型的参数分析

在工业水环境契约监管模型里所设的各参数中，$l$、$k$ 由企业的水污染物特性、运营模式、生产流程等决定，$C_r$、$\gamma_i$ 由地方政府的现有技术、人员配置、主观偏好等决定，与中央政策相关度较低，因此假定 $l$、$k$、$C_r$、$\gamma_i$ 不能因中央政策而改变。与之相比，公众参与程度 $\lambda$ 和地方政府对企业的庇护概率 $\eta$ 因中央政策而改变相对较容易。如 2006 年颁布的《环境影响评价公众参与暂行办法》保障了我国环境影响评价领域的公众参与权力，2008 年 5 月 1 日起实施的《环境信息公开办法（试行）》推行环境信息公开，提高了公众环境知情权和话语权，增加了环保工作的透明度。2006 年，第一部关于环境问责方面的专门规章《环境保护违法违纪行为处分暂行规定》公布施行[185]，同年《国务院关于"十一五"期间全国主要污染物排放总量控制计划的批复》确立了环境问责制度，将环境指标真正纳入官员考核机制，削弱地方政府充当企业保护伞的动机。

因此，本书从公众参与程度 $\lambda$ 和地方政府对企业的庇护概率 $\eta$ 两个方面分析中央政策对工业水环境监管契约的影响。

（1）公众参与程度 $\lambda$ 对工业水环境监管契约的影响。首先，通过式（3.21）计算得出：$\dfrac{\partial F(q_i, \theta_i)^*}{\partial \lambda} < 0$，这说明公众参与程度 $\lambda$ 的提高，将能够使最优结果中 $F_i(q_i, \theta_i)^*$ 变小。

其次，在对于同一类型的企业当处罚额度相同的情况下，公众参与程度的改变可得到：$\dfrac{\partial P(q_i)^*}{\partial \lambda} < 0$、$\dfrac{\partial S(q_i)^*}{\partial \lambda} > 0$。

在工业水环境监管最优契约设计中，公众参与程度 $\lambda$ 的提高，将能够使最优结果中 $P(q_i)^*$ 变小，$S(q_i)^*$ 变大，$g(q_i)^*$ 变小，详见表 3.5。在同样达到工业水环境监管最优契约的激励相容作用时，惩罚额度的降低、补偿额度的增加能够削减地方政府与企业的矛盾，增加环境执法的可行性；监管频次的降低能够降低地方政府的监管成本、财政支出，从而减轻其经济压力，进而削弱地方政府庇护企业的动机。同时，采用委托-代理理论构建的模型本身就能够达到委托人和代理人利益双赢的激励相容效果，因此也能够实现企业利润的最大化。通过社会资源有效的整合以及中央政府有力的制度保障而形成的公众参与机制，将能够促进水环境乃至整个环境经济社会的可持续发展。

**表 3.5　　　　　　　　工业水环境监管模型参数的比较静态分析**

| 参数值的调整 | 对工业水环境监管契约内条款取值影响 | | | |
| --- | --- | --- | --- | --- |
| | $F(q_i,\theta_i)$ | $P(q_i)$ | $S(q_i)$ | $g(q_i)$ |
| $\lambda$ 上升 | 下降 | 下降 | 上升 | 下降 |
| $\lambda$ 下降 | 上升 | 上升 | 下降 | 上升 |

（2）地方政府对企业的庇护概率 $\eta$ 对工业水环境监管契约的影响。在公众参与程度 $\lambda$ 和违规罚款额度 $F(q_i,\theta_i)^*$ 一定的情况下，通过式（3.21）计算得出：$\dfrac{\partial P(q_i)^*}{\partial \eta} > 0$，这说明地方政府对企业庇护概率的降低，监管契约中的最优监管频率 $p_i(q_i)^*$ 降低。

通过这个结论可以得出，环境问责等制度可以降低地方政府庇护企业的程度，可以有效地减少监管执行的人力、物力成本，减轻监管人员的工作强度，提高工作效率，节省财政支出，减轻政府经济压力等。

## 3.5　基于互惠性偏好的工业水环境监管契约机制设计

在工业水环境监管机制设计中，由于受到监测成本、技术等的限制，地方政府对排污企业私有信息，如生产成本、利润水平、治污成本与投入等，获取较为困难。因此，在工业水环境监管问题中，存在企业隐瞒偷排行为和治污情况的"道德风险"问题，最终将导致偷排行为愈演愈烈。为解决这些问题，自 20 世纪 80 年代以来，委托-代理理论逐渐被应用到环境问题上，作为监管者的政府被视作委托人，在委托企业发展经济的同时负有环境保护的责任；作为被监管者的企业则被视作代理人，在地方政府监督下从事生产活动、进行生产废水处理、获得经济剩余。

然而，经典的委托-代理理论假设地方政府和排污企业均为理性经济主体，代理人对委托人的一些"特殊关照"并不做出相应的"互惠性"反馈。即传统经济学的理性经济人假定意味着人是没有感情的天才，通过行为经济学的分析，我们知道现实中的人既不是没有感情的，也不是天才。行为经济学的研究及社会现实都表明，人是有同情心的，人不仅关心自己的利益，也会关心别人的利益，而且人具有内在的公平偏好；人的认知能力是有限的，有限的认知能力为人们在经济活动中的互惠与合作提供了可能性，而公平、互惠、合作正是构建和谐社会的经济要素。这也印证了一些现实情况，即当排污企业得到来自地方政府的政策支持时，通常会选择更加努力地开展减排活动作为回馈。比如：政府为企业提供财政拨款、低息贷款等间接补贴，或减税、退税及特别扣除等间接补贴，都能够激励企业开展生产废水治理、清洁生产工艺改造等减排行动，唤起企业反馈更高质量的配套服务，最终提高环境监管的整体效率。蒲勇健（2007）[68]指出，存在一种内在的经济机制能够实现社会的和谐，这种机制是基于行为经济学的公平互惠理论的一种机制。基于行为经济学的互惠性偏好理论为工业水环境监管提供了微观经济理论基础，可以依据这一理论对工业水环境监管进行机制设计。

### 3.5.1　基于纯粹自利偏好的工业水环境契约监管模型

首先给出两个定义：

**定义 1**：确定性等价收入 CE，如果 $u(x) = Exp(u(y))$，其中 $y$ 是随机性收入，$x$ 是 $y$ 的确定性等价收入，两者的效用水平相等。

**定义 2**：风险规避系数 $\rho$，当 $\rho > 0$ 时为风险规避，$\rho = 0$ 时为风险中性，$\rho < 0$ 时为风险偏好。

模型的基本设定如下：

企业行使并完成社会责任治理生产废水时，产生的附加经济效益产出函数为：$\pi_k = k \cdot a + \theta$，$k$ 是企业经济效益的边际生产率（$k \in R$，$k \geqslant 0$）。

企业行使并完成社会责任治理生产废水时，给社会带来的环境效益产出函数为：$\pi_l = la + \theta$，$l$ 是企业环境效益的边际生产率（$l \in R$，$l \geqslant 0$）。

$a$ 是企业治理生产废水的努力程度，可以体现为企业环保投资、管理及培训等。$a \in A$，$A$ 是努力程度集合；$\theta$ 是随机的外生因素，满足 $\theta \sim N(0, \sigma^2)$，$\theta$ 代表与努力程度 $a$ 不相关的其他因素对产出的影响。产出函数满足：$Exp(\pi) = Exp(a + \theta) = a$，$Var(\pi) = Var(a + \theta) = \sigma^2$。

地方政府和排污企业都是理性的经济主体，而且双方均无互惠性偏好。同时，本书遵循蒲永健（2007）[68]的思路，假设排污企业是风险规避的，而地方政府则是风险中性的。

水环境监管激励合约采用线性形式 $S(\pi_l) = \alpha + \beta \pi_l$，$\alpha$ 是地方政府为排污企业提供的固定补贴，与 $\pi_l$ 无关，$Cov(\alpha + \pi_l) = 0$。$\beta \pi_l$ 为激励补贴部分，与企业所创造的环境价值正相关，$\beta$ 可以理解为绩效补贴系数。企业创造的环境价值越高，政府补贴越高。当 $\beta = 0$，地方政府承担全部风险，排污企业不承担任何风险。当 $\beta = 1$ 时，排污企业承担全部风险，地方政府实现全部风险转嫁。

排污企业努力成本为二次成本函数，货币化之后为 $C(a) = ba^2/2$，$b > 0$ 代表水处理的边际成本系数，$b$ 越大，水处理的单位成本越高，且 $C'(a) > 0$，$C''(a) > 0$。企业的保留效用水平为 $\bar{\omega}$。

**定理 1**　当地方政府和排污企业均为理性主体时，最优工业水环境监管激励合约设计为 $(a, \alpha^*, \beta^*)$，其中 $\beta^* = l^2/(\rho\sigma^2 b + l^2)$，$\alpha^* = \bar{\omega} - (k + \beta l)^2/(2b) + \rho\sigma^2\beta^2/2$，$a =$

$(k+\beta l)/b$。

**证明** 设效用函数 $v(\varphi_i)=\varphi_i$，$i=1$，2。$\varphi_1$ 为地方政府水环境监管的收入，$\varphi_2$ 为排污企业的收入。

那么，地方政府水环境监管的期望效用为

$$Exp(\varphi_1)=Exp[v(\pi_l-PC_r-S(\pi))]=-\alpha+(1-\beta)la-PC_r \qquad (3.22)$$

排污企业水处理的期望效用为

$$Exp(\varphi_2)=Exp[v(\pi_k+S(\pi)-c(a))]=\alpha+(k+\beta l)a-\frac{b}{2}a^2 \qquad (3.23)$$

根据确定性等价收入公式 $u(x)=Exp(u(y))$，推导出 $x=Exp(\varphi_2)-\rho\sigma^2\beta^2/2$，最终得到企业的确定性等价收入为 $x=\alpha+(k+\beta l)a-ba^2/2-\rho\sigma^2\beta^2/2$。根据 Arrow-Pratt 定理可知，$\rho\sigma^2\beta^2/2$ 称为风险成本，是排污企业为了获得确定性收入而在期望收入中额外放弃的部分。

由于排污企业的努力程度 $a$ 不可观测，排污企业的参与约束（IR）可以表示为：$x=Exp(\varphi_2)-\rho\sigma^2\beta^2/2\geqslant\bar{\omega}$。确定性等价收入 $x$ 关于努力程度 $a$ 求一阶导，得到 $a=(k+\beta l)/b$，即为激励相容约束（IC）。那么地方政府可以通过选择 $\alpha$、$\beta$ 来最大化其确定化收入。

地方政府的问题是在参与约束（IR）与激励相容约束（IC）的条件下，最大化其效用的期望值，其表述方式如下：

$$Max[-\alpha+(1-\beta)la-PC_r]$$

$$s.t. \ (IR)\alpha+(k+\beta l)a-\frac{b}{2}a^2-\frac{1}{2}\rho\sigma^2\beta^2\geqslant\bar{\omega} \qquad (3.24)$$

$$(IC)a=\frac{k+\beta l}{b}$$

在 HM 模型里，参与约束（IR）为等式，这是理性代理人假设的必然推论。因为可以假设作为理性代理人的企业在与地方政府签订与不签订合约为无差异的边际情况下，企业总是倾向于签订合约。将 IR 和 IC 代入目标函数得

$$Max\left[(k+l)\left(\frac{k+\beta l}{b}\right)-\frac{b}{2}\left(\frac{k+\beta l}{b}\right)^2-\frac{1}{2}\rho\sigma^2\beta^2-\bar{\omega}-PC_r\right] \qquad (3.25)$$

根据一阶化最优条件求得，当地方政府和排污企业均为理性主体时，最优工业水环境监管激励合约为：

$$\beta^*=l^2/(\rho\sigma^2 b+l^2) \qquad (3.26)$$

$$\alpha^*=\bar{\omega}-(k+\beta l)^2/2b+\rho\sigma^2\beta^2/2 \qquad (3.27)$$

$$a=(k+\beta l)/b \qquad (3.28)$$

证毕。

**推论 1** 在其他条件不变的情况下，政府激励补贴系数越大，排污企业越会努力进行生产废水处理；努力成本系数越大，排污企业努力程度降低；企业环境效益产出越高，政府激励补贴系数越大。

**证明** 由 $\partial a/\partial\beta=l/b>0$ 可知，政府补贴越大，排污企业越会努力进行生产废水处

理；由 $\partial a/\partial b=-(k+\beta l)/b^2<0$ 可知，努力成本越大，排污企业努力程度降低；由 $\partial\beta/\partial l=2l\rho\sigma^2 b/(\rho\sigma^2 b+l^2)^2>0$ 可知，企业环境效益产出越高，政府激励补贴系数越大。

此时，地方政府水环境监管的期望效用为

$$Exp(v)=\frac{1}{2b}\left(k^2+2lk+\frac{l^4}{\rho\sigma^2 b+l^2}\right)-\bar{\omega}-PC_r \tag{3.29}$$

### 3.5.2 基于互惠性偏好的工业水环境契约监管模型

在互惠性偏好存在的情况下，代理人是非理性的。此时，假设地方政府给排污企业补贴的固定部分高于传统委托代理模型中的最优水平，使得排污企业在最优努力程度下的确定性收入高于其保留支付。设该收入差为 $\delta$，排污企业出于"互惠性"反应会比理性假定下的最优努力程度更加努力工作。假定企业多付出的努力为 $\Delta a$，此时排污企业的确定性收入为 $\bar{\omega}+\gamma$，$\gamma$ 为确定性收入溢价。根据蒲勇健（2007）[68]假设 $0\leqslant\gamma\leqslant\delta$ 成立，这是"互惠性"要求，且 $\gamma$ 随着互惠性行为增强而减少，即企业感恩图报的意愿越强烈，努力程度就越高，$\gamma$ 值就越小。这里我们考虑地方政府仅将原有合约中的固定支持部分 $\alpha$ 改为 $\alpha+\delta$，新合约里的绩效补贴系数 $\beta$ 不做调整。

**定理 2** 当排污企业为非理性主体存在互惠性偏好的情形下，最优工业水环境监管激励合约设计为：$(a+\Delta a,\ \alpha^*+\delta,\ \beta^*)$。其中

$$\beta^*=l^2/(\rho\sigma^2 b+l^2)$$
$$\alpha^*+\delta=\bar{\omega}+(l+k)(l-k-2\beta l)/(2b)+\rho\sigma^2\beta^2/2+\gamma$$
$$a+\Delta a=(k+\beta l)/b+\sqrt{2b(\delta-\gamma)}/b$$

**证明**

排污企业为非理性主体存在互惠性偏好时，其确定性等价收入为

$$\tilde{x}=\alpha+\delta+(k+\beta l)(a+\Delta a)-\frac{b}{2}(a+\Delta a)^2-\frac{\rho\sigma^2\beta^2}{2}=\bar{\omega}+\gamma \tag{3.30}$$

结合式（3.27），解得

$$\Delta a=\frac{1}{b}\sqrt{2b(\delta-\gamma)}（舍去负数解）\tag{3.31}$$

此时，地方政府水环境监管的期望效用为

$$Exp(\tilde{v})=-(\alpha+\delta)-P\cdot C_r+(1-\beta)l(\beta/b+\sqrt{2b(\delta-\gamma)}/b) \tag{3.32}$$

地方政府选择 $\delta$ 最大化其期望效用，于是由一阶最优化条件解得

$$\delta=\frac{(1-\beta)^2 l^2}{2b}+\gamma \tag{3.33}$$

因此，当排污企业为非理性主体存在互惠性偏好的情形下，最优工业水环境监管激励合约为

$$\beta^*=l^2/(\rho\sigma^2 b+l^2)$$
$$\alpha^*+\delta=\bar{\omega}+(l+k)(l-k-2\beta l)/(2b)+\rho\sigma^2\beta^2/2+\gamma$$
$$a+\Delta a=(k+\beta l)/b+\sqrt{2b(\delta-\gamma)}/b$$

证毕。

将式（3.26）代入式（3.33）得到

$$\delta = \frac{\rho^2\sigma^4 bl^2}{2(\rho\sigma^2 b + l^2)^2} + \gamma \tag{3.34}$$

显然有 $\delta \geqslant \gamma$，代入式（3.31），可知最优努力程度 $\Delta a$ 是有意义的实数解，且得出 $\Delta a = \rho\sigma^2 l/(\rho\sigma^2 b + l^2)$。当 $\delta > \gamma$ 时，$\Delta a > 0$，意味着此时排污企业的产出水平较理性人情形下的最优产出有所增加。

此时，地方政府水环境监管的期望效用为

$$Exp(\tilde{v}) = -\bar{\omega} - \gamma + \frac{1}{2b}k^2 + \frac{l^6}{2b(\rho\sigma^2 b + l^2)^2} + \frac{2kl^3 + b\rho\sigma^2 l(2k+l)}{2b(\rho\sigma^2 b + l^2)} - PC_r \tag{3.35}$$

### 3.5.3 纯粹自利偏好与互惠性偏好模型的对比分析

将地方政府与排污企业均为自利型经济个体和互惠性经济个体时的工业水环境监管期望效用进行对比

$$Exp(\tilde{v}) - Exp(v) = \frac{(\rho\sigma^2 bl)^2}{2b(\rho\sigma^2 b + l^2)^2} - \gamma \tag{3.36}$$

由此可知，在 $\rho \neq 0$，$\sigma \neq 0$（一般场合是如此），只要排污企业的互惠性动机足够强烈（即 $\gamma$ 足够小），就得到：

$$\frac{(\rho\sigma^2 bl)^2}{2b(\rho\sigma^2 b + l^2)^2} - \gamma \geqslant 0，即 Exp(\tilde{v}) \geqslant Exp(v)$$

此时基于互惠性偏好的工业水环境监管激励合约，给地方政府和排污企业都带来比基于纯粹自利偏好的监管合约更高的收益，实现了帕累托改进。因此，地方政府依据排污企业的非理性行为的经济原理，设计其监管合约是有价值的。这说明在一定条件下，地方政府给排污企业更多的固定补贴不仅不会减少自身收益，反而会激发排污企业的感激之情，使其更加努力地完成其社会责任。因而本节内容在将互惠偏好植入 Holmstrom. Milgrom 的委托代理模型，其结论是：当模型参数满足一定条件时，植入互惠性偏好的委托-代理模型最优合约，能够给地方政府带来比传统委托-代理模型最优合约更高的收入，这样地方政府利用排污企业的非理性行为设计委托-代理合约就是有价值的。

根据蒲勇健（2007）[68]关于植入"互惠性"的观点，如果从行为经济学的公平互惠理论出发，在工业水环境监管中，地方政府及水行政主管部门能够做出互惠性的非理性行为，给予排污企业一定的额外补偿，也就是对排污企业表现出一定的友善，同时排污企业对这种友善性做出行为反应，也对地方政府表现出一定的友善，那么这种双方行为的友善性将导致互惠的结果，双方利益都会增加，特别是对于地方政府，这种额外的补偿支出所带来效率增加极有可能超过支出，至少应在边际上能够弥补支出。这样，工业水环境监管中的矛盾和冲突就有可能会减少，也才有可能实现水污染防治工作的高效推进。

## 3.6 工业水环境监管的最优契约实施的流程设计

充分体现和发挥工业水环境监管契约机制的效力，需要以较为详细的监管契约实施流程设计为基础。因此，本书设计如图 3.2 所示的工业水环境监管的最优契约设计及实施流程。

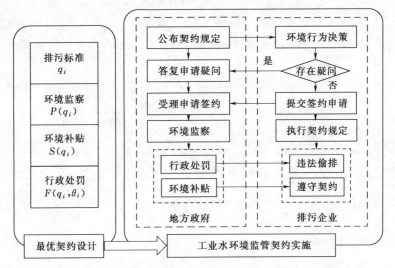

图 3.2　工业水环境监管的最优契约设计及实施流程图

　　首先，工业水环境契约型监管的有效实施需要从监管契约方案的本身出发进行科学的契约设计，即环境补贴激励、环境行政监察和环境行政执法为约束、公众参与监督等契约要素的合理设置。其次，在合理设计工业水环境监管契约的基础上进行契约的有效实施。①公布工业水环境契约型监管的执行规定。作为实施工业水环境监管职能的环境行政主管部门，首先应该通过政府公报以及政府网站等方式，公布工业水环境契约型监管的详细规定，包括相关法律法规、契约签订申请与受理程序等与契约型监管实施相关的全部信息。②答复企业对于契约型监管的相关疑问。参与契约型监管的企业申请人如对水环境行政主管部门公布的有关契约型监管的事项、依据、条件、程序、期限等内容有疑义，可要求水环境行政主管部门予以说明，此时主管部门应提供科学准确的信息。③受理申请并签订监管契约。水环境行政主管部门对企业的资质、生产运营、水处理能力及污水排放历史等条件进行核查，对符合条件的企业申请予以受理并签订水环境监管契约。④监督核查。环境监察部门按照契约设定的监管频次，对排污企业的水环境监管契约执行情况进行不定期的监督核查，对有非法排放等环境违法行为的企业进行环境行政处罚，对遵守契约的企业进行环境补贴激励。

# 第 4 章　中央–地方–公众合作的
# 工业水环境监管体系

前文将中央的司法和行政监督以及公众等的社会性监督，纳入工业水环境监管契约机制设计中，形成了排污企业和地方政府有力的制约，在理论上解决了工业水环境监管中的"逆向选择"和"道德风险"问题。然而实际操作中，我国的水环境质量监测能力和环境行政执法效力等依然十分有限，尚未建立起垂直统一的工业水环境监管体系，由于管理部门执法成本大、环境执法的自由裁量权监控不力，存在执法决策随意的现象，使得"执法成本高、守法成本高、违法成本低"。因此，研究行之有效的工业水环境监管体系，对于保障工业水环境监管契约中激励–约束–监督效力的实现，解决水环境质量与经济发展矛盾的问题，有着较强的现实意义。本章将构建中央–地方–公众合作的工业水环境监管体系，并为这种监管体系建立保障机制、设计运行流程。

## 4.1　中央–地方–公众合作的工业水环境监管体系构建

### 4.1.1　工业水环境监管体系的构成

在前面两章内容中，已经构建了工业水环境监管中委托–代理关系的不完全信息动态博弈模型、企业参与约束的模型、水环境契约监管模型，从这些模型的结果参数分析中，可以得出：增加地方官员纵容污染的政治成本 $F_a(\theta_i)$，提高公众参与的程度 $\lambda$，对于实现监管地方政府与排污企业的博弈均衡，以及保障监管的有效实施有着重要作用，中央的司法和行政监督以及公众的社会性监督成为工业水环境监管体系构建中必不可少的两个重要组成部分。

因此，为保障工业水环境监管契约机制的有效实施，建立健全我国工业水环境监管体系，形成一个在政府统一领导下、有关部门各司其职、企业法人承担防治污染责任，环境行政主管部门实行统一监督管理、公众积极参与监督的工业污染防治体系。本书在工业水环境监管体系中融入中央司法、行政多部门协调监督，公众、专家学者、环保 NGO、新闻媒体等的社会性监督，改变地方政府的一元控制现状，削弱地方政府庇护企业违规的行为动机，构建中央–地方–公众合作的工业水环境监管体系，如图 4.1 所示。本书构建的监管体系中不仅包含监管者和被监管者的垂直监管、被监管者之间的横向监管和内部自查，还包括媒体、公众及非政府组织的社会舆论监督，形成一个相互补充、相互联系、相互制约的监管体系和良好的社会监管环境。

中央–地方–公众合作的工业水环境监管体系是一个多主体合作的系统，主要包括四大主体，分别是中央政府及相关主管部门、地方政府及相关行政主管部门、排污企业、公众

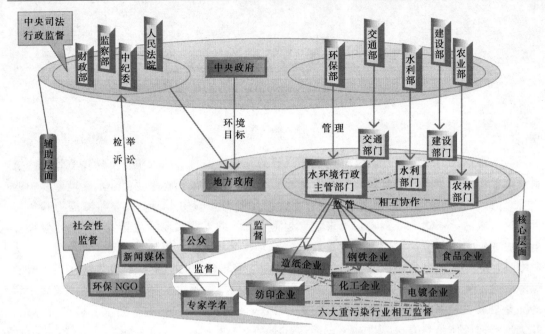

图 4.1　中央-地方-公众合作的工业水环境监管体系

等社会性监督团体。这四大主体通过工业水环境监管契约中的激励-约束-监督机制融合在一起，成为相互联系、相互辅助、相互制约的一个整体，促使我国的工业水环境监管良性运作，实现自上而下的监管和自下而上的监督。

### 4.1.2　工业水环境监管体系的双层结构

上文构建工业水环境监管体系中的四大主体，在监管中分别起着不同的作用，可以概括成监管体系的核心层面、辅助层面。这两个层面的结构及职责分别如下。

（1）核心层面，由地方政府及相关行政主管部门和排污企业组成。其一，地方政府、地方水环境行政主管部门，以及交通、卫生、水利、农林等水环境事务相关部门，这些部门共同协作，负责贯彻执行国家政策法规，组织制定和实施污染减排计划，进行现场监督检查及环境违法行为的依法处理。其二，排污企业主要包括纺织印染、化工、造纸、钢铁、电镀、食品加工制造企业等重污染企业，作为工业水环境污染制造者成为被监管者，实现高效的水环境监管同样依赖于企业的响应和配合，并且企业之间也存在相互监督。政府的水环境监管机制和企业的水环境策略性行为成为核心层面研究的首要问题。

（2）辅助层面，由中央政府及相关主管部门、公众等社会性监督团体组成。其一，中央层面，环境保护部负责制定各项环保政策，指导地方环保工作并进行监督和考核；中纪委和监察部联合办公，主管全国监察工作，对各级政府、部门及其国家公务员等实施监察；财政部对流域水污染防治专项转移支付资金的使用情况进行审查；人民法院负责受理来自公众、专家学者、环保 NGO、新闻媒体的环境公益诉讼。环保部、中纪委、监察部、财政部和人民法院对于环境监督、问责和诉讼处理都能够对地方政府的行为构成约束，保证核心层面工业水环境监管的有效性。其二，公众层面，包括公众、专家学者、环保

NGO、新闻媒体,这些主体协同一致构成公众参与的社会性监督。社会性监督是一个连续的、双向交换意见的过程,能够增进对工业水环境监督管理做法与过程的了解,使得公众能够获得政府的地方保护主义行为和企业的环境违法行为,并将这些信息反馈给社会和中央监察部门。公众、专家学者、环保 NGO、新闻媒体成为监管核心层面的另一个有力约束,构成监管体系中的重要环节。

### 4.1.3 工业水环境监管体系的双向监管

本书构建的工业水环境监管体系,由中央政府、地方政府、企业、公众这四大主体构成,在上文的工业水环境监管契约机制设计中,以激励-约束-监督机制的方式将四者有效融合,成为相互辅助、相互联系、相互制约的一个整体。我国工业水环境监管体系的建立也是这四大主体相互作用的结果,在此着重讨论四者之间的关系。如图 4.1 构建的中央-地方-公众合作的工业水环境监管体系,形成了自上而下的监管和自下而上的监督:第一,从中央政府水环境目标的下放到地方政府对企业水环境行为的监督执法,即中央政府及环境保护部-地方政府及水环境行政主管部门-排污企业,这一自上而下的监管;第二,从公众等社会性监督团体对地方政府及排污企业的监督,并将监督结果向纪委监察部门检举揭发,即公众等社会性监督团体-地方政府/排污企业-中央司法行政监督部门,这一自下而上的监督。

(1)中央政府及环境保护部-地方政府及水环境行政主管部门-排污企业,自上而下的监管。

中央政府及环境保护部面向整个国家行使水环境管理职能,解决全国水环境管理中的重点问题,通过制定环境立法、中长期环境保护规划、环境政策和标准,来掌控国家整体的水生态和水环境保护可持续发展的大方向,确定下级政府的环境保护和节能减排目标,而不会具体到实际的操作方面[186]。地方政府及水环境行政主管部门在中央水环境管理目标指导下,贯彻执行水环境管理政策,实施具体的环境管理,接受排污企业的反馈信息,对排污企业的具体水环境行为进行监管,并对企业的违法行为进行环境行政执法。在水环境监管中,很有可能出现"监管俘获"现象,即组织化的利益集团如高污染、高耗能但高赋税的企业为了获取利益最大化而向地方政府施加影响,使监管决策偏向于企业。以往地方政府主要追求的是地方 GDP 的增长和公众生活水平的提高,企业是为了提高自身经济效益而减少污染治理的成本。在本书设计的中央-地方-公众合作的工业水环境监管体系结构中,各个主体进行监督管理,互相牵制,形成一个稳定的结构。在这一新形势下,地方政府应该积极寻求职能角色的新定位。现代公共管理理论认为:市场经济条件下的政府职能应当定位于集中精力管理公共事务,提供核心的公共产品和公共服务,满足公共需求。因此,地方政府应该把更多的精力放在社会财富的积累、清洁生产的推动与循环经济的贯彻上;企业应该更注重社会责任和经济效益的统一,注重企业环境战略的管理。

(2)公众等社会性监督团体-地方政府/排污企业-中央司法行政监督部门,自下而上的监督。

当自身的安全、健康、幸福等环境权益受到威胁,或是出于促进生态环境健康、可持续发展的意愿,公众等社会性监督团体有动力向有关部门表达自身的意见,向中央纪委监察部门对环境违法行为进行检举、揭发。其中，公众、专家学者、环保 NGO 及新闻媒体等的社会性监督包括两种：①公众为环境监管部门的执法提供支持，如对企业的环境违法行为进行检举、揭发，以协助环境监管部门执法；②公众对环境监管部门执法的监督，如对其环境舞弊行为向纪委监察部门进行控告、诉讼等。在工业水环境监管问题的处理中，环境复议处、环境监察局、纪委监察部门负责对实质性和程序性条款进行详尽、专业、客观的审查，保证规章与法律、行政命令之间的协调一致；协调下级政府和环境行政主管部门之间的监管真空、监管冲突和监管重复，使监管机构之间在监管的理念、程序、方法和对象上协调一致；征求专家学者的政策建议，受理公众等社会性监督团体对下级政府的环境舞弊行为的检举、揭发，提高监管的质量，解决监管机构独立制定、发布和实施监管中被排污企业俘获的问题。在这一公众等社会性监督团体-地方政府/排污企业-中央司法行政监督部门自下而上的监督中，公众等通过自身的参与行动，约束了地方政府庇护排污企业的动机，提高了政府水环境监管的效力；通过自己的消费导向和监督行为，推动企业开启"清洁生产"、发展"循环经济"，遏制企业资源浪费、环境污染的行为决策[187]。因此，工业水环境监管机制的设计只有把公众置于主体地位，使其充分行使和履行维护水环境质量健康、良性发展的权利和义务，成为扼制环境破坏的主要力量，才能使我国的水环境保护取得较大成效。同时，部分公众本身也是环境污染的生产者，在享用自然资源时应加强环境保护的自律性和相互监督。

## 4.2　中央-地方-公众合作的工业水环境监管体系保障机制

为了保障中央-地方-公众合作的工业水环境监管体系能够稳定运行，本节通过建立中央协调监督机制、环境信息共享机制、环境公益诉讼机制、环境宣传扶持机制，来克服工业水环境契约型监管可能面临的部门职能交叉重叠问题、环境信息缺失问题、环境司法救济薄弱问题、环境意识不足问题。

### 4.2.1　中央协调监督机制

中央政府与地方政府的纵向关系是我国环境管理体制中的重要问题。解决我国纵向体制关系问题，既要有利于地方政府在工业水环境监管方面作用的发挥，有利于中央政府及环境行政主管部门进行必要的宏观控制，又要有利于对地方政府及环境行政主管部门进行有效的监督。因此，需要从以下几个方面进行完善。

（1）设立中央层面的监督审查和协调机构。从我国实际出发，中央政府及其环境行政主管部门应当在整个国家的环境监管中起到主导、统筹、监督、协调的作用，而地方政府及其环境行政主管部门应当在中央的领导和监督下，对其管辖范围内的环境质量负责。因此，理顺环境管理体制纵向结构，设立中央层面的监管审查与协调机构[188]，从以下几方面保障我国的工业水环境监管体系：①对地方的监管行为进行中央层面的集中审查，并从程序上和实质性条款上进行更客观、更专业、更科学的审查，以保证规章与法律、行政命令之间的协调一致；②对水环境监管所涉及的水利、农业、林业、交通、卫生等相关部门进行协调，避免有监管职能的部门之间的监管重复、冲突和监管真空，使监管部门之间在监管的理念、程序、方法和对象上协调一致；③接收来自水环境监管事件的利益相关者，如当地居民、环境非政府组织、专家学者、媒体等的意见，避免狭隘的地方保护主义行为，提高监管的质量，解决地方政府对水环境监管的独立裁定，甚至被利益集团"俘获"的问题。

（2）完善环境行政问责机制。行政机关问责是指政府对其自身是否履行环境责任所进行的监督和追究。相对于立法机关、司法机关和社会公众的外部问责，行政机关问责是政府系统内部的监督和追究机制。虽然行政机关对政府环境责任履行加以问责是一种常态化的日常监督和追责，并发挥着十分重要的作用，但在实践中也出现了诸如问责形式不完整、问责方法不科学、问责程序不健全等问题。为了使行政机关对政府是否履行环境责任问责更为完整、科学、健全，亟待进一步采取以下几项措施。

1）建立政府环境审计。政府应建立健全生态环境保护与建设的审计制度，对生态保护与恢复项目认真执行审批程序、严格审计，对各级领导干部执行生态、环境、资源法规情况的监察。环境审计对政府环境责任监督和追究是其他途径难以实现的，具体体现在：环境审计对环保投入的监督，能有效促进环境保护资金的合理使用；对环境法律、法规执行情况的检查，能及时发现问题并予以纠正，使环境法律、法规真正落到实处[189]。中国的政府环境审计起步较晚，还需针对工业水环境契约型监管问题加以完善。一方面，在审计对象和内容上，应逐步加强对工业水环境契约型监管中的环境补贴资金使用情况的审计；另一方面，在审计类型上，应逐渐增加工业水环境契约型监管执行绩效的审计。

2）环保职能部门监督与监察部门监督相协作。在对政府是否履行环境责任的行政问责方面，环保职能部门由于缺乏有效的监察手段而难以进行，而监察部门作为政府行使监察职能的专门机关则拥有较强的监督手段，但在进行环境行政监察时往往缺乏专业知识。因此，环保职能部门与监察部门需要进行有效的协作，如环境保护部联合中纪委、监察部、财政部，共同发布水环境监管相关的规范性文件，要求各地环境行政主管部门及相关部门严格执行；组织各部门进行联合执法监督检查，对地方环境行政主管部门的水环境契约型监管的工作情况进行监督检查[190]。

3）建立环境责任追究细则。要落实政府环境责任，关键就在于完善环境责任追究机制。首先，建立重大决策终身负责制，完善环境责任追究的方式。对工业水环境契约型监管中的每一项重大决策建立档案，使决策者对自己的行为终身负责[191,192]。其次，明确责任主体追究范围。对于责任人的责任追究，不仅包括重大决策失误负有直接责任的主管人员，还包括包庇、纵容环境违法行为的地方政府领导，不履行环保责任的有关部门负责人，不作为和乱作为的环保执法人员，都应进行责任追究。由于资源环境问题的产生具有一定的滞后性，责任主体的追究不应止于任现职者，对于那些已经离职或已经退休的责任人，应同样依法追究其责任。再次，明确责任追究形式。我国现行环境立法对政府环境法律责任形态的规定是不全面的，主要关注行政法律责任和刑事法律责任。但是当政府领导和公务员的环境违法行为造成重大过失、严重侵害到公民环境利益时，同样应该追究相关责任人的民事责任。最后，环保问责后官员复用的制度亟也需进行规范，明确环保问责官员的政绩、行为、社会影响、履历、责任等，并依据现有法律法规对官员进行再任用，简单的再任用极易引发群众和环保工作者的不满。

（3）实施绿色 GDP 的政绩考核方式。长期以来，我国将 GDP 作为主要标准来衡量地方经济的发展水平，考核地方政府领导干部的政绩。这一做法确保了各级领导工作紧紧围绕经济建设这个中心，调动了各级领导干部抓经济、促发展的积极性，促进了我国经济社会的发展。但这一做法也造成了一些领导干部盲目崇拜 GDP、单纯追求 GDP 增长、不顾资源成本、环境容量和自然生态承载力，严重浪费了自然资源、破坏了生态环境。

1946 年，John Hicks 在其著作中提出了绿色 GDP 的概念，即从原有 GDP 中扣除自然资源消耗价值与环境污染损失价值后剩余的国内生产总值，也被称为可持续发展国内生产总值。绿色 GDP 的国民经济核算不仅要考虑经济收益，而且涉及能源消耗、生态破坏、环境成本以及社会公正的实现程度；不仅考核经济增长，还考核公众在享有环境权益方面的公平程度[193,194]。这种考核方式有利于客观全面地衡量和评价经济增长的实际效果，克服片面追求经济增长速度，增强公众的环境资源保护意识，转变经济增长方式[195]。显然，从这个角度来讲，绿色 GDP 是考核领导干部政绩的科学标准，是引导生产方式转变、产业结构调整，实现全面、协调、可持续发展的有效方法。具体考核应参考以下几个方面的指标[196]：①环境质量指标，如水质达标率等；②环境管理指标，如污水处理率、环境教育普及率；③环境经济指标，如单位 GDP 能耗、单位 GDP 用水量等；④重大污染事故的"一票否决制"，一票否决制是政绩考核中的最重要运用。

## 4.2.2　环境信息共享机制

及时获得准确、全面的环境信息是公众参与环境保护的重要前提[197]。环境信息共享主要有三方面作用：首先，环境信息共享本身是环境教育的一种手段，它使得公众对环境污染问题的现状及其危害有直观的认识，有利于提高公众的环境意识和参与热情[198]。其次，环境信息有助于加强公众对企业的污染排放、污染治理和环境损失等情况的了解。在此基础上进行有针对性的监督和评价，督促污染企业加强污染控制，从而使公众等社会性监督团体能够监督政府工业环境契约监管行为，避免政府的环境决策失误甚至违法违纪[199]。最后，政府可以将其作为环境监管的一种辅助方式，通过充分发挥市场和社会舆论的自发力量，间接实现污染控制的目标，降低政府环境规制成本，提高监管效率。健全环境信息共享机制，需要赋予公众、专家学者、环保 NGO 及新闻媒体以环境知情权，建立健全公众参与工业水环境契约监管的政策法规，因此还需要从以下几个方面进行完善。

（1）拓宽环境信息共享的主体。环境信息共享的主体应包括有义务公开环境信息的政府、排污企业，以及有权利获取环境信息的"任何人"[200]。拓宽环境信息公开的主体，一是拓宽有义务共享环境信息的政府部门范围。我国政府机构的各个部门都应当成为信息公开单位，都应有责任向公众提供所掌握的环境信息。二是拓宽有义务公开环境信息的企业范围。将纺织印染、化工、造纸、钢铁、电镀和食品制造等六大行业纳入强制公开的范畴，详细规定信息公开的范围、方式、程序、周期、违反公开环境信息规定的处罚等。三是拓宽环境信息共享权利主体的范围。有权利获取环境信息的主体应该就是环境知情权的主体，我国环境知情权的主体应该在现有范围的基础上进一步扩大为享有一切国家机关、社会团体、组织和一切自然人，而非仅仅局限于具有利害关系的特定人。

（2）环境信息披露的内容。为了使公众更加明确、清楚地了解环境信息，切实有效地参与到工业水环境契约型监管中，政府、企业所披露环境信息的内容应更加明晰和广泛，因此环境披露的内容应当更加全面。政府环境信息披露的内容主要包括：与环境保护有关的法律、法规、政策及其解释、各种环境标准；可能对环境造成影响的政府宏观发展规划、开发建设活动以及区域环境状况；环境行政机关的组织、工作程序和执法的依据等内容，以确保环境行政行为的公开透明和公众参与的可实现。企业环境信息披露包括两方面的内容：一是企业自愿选择公布的环境信息，如有利于企业发展的绿色信息；二是生产行为可能或已经对环境造成影响的企业在政府强制下公布的环境信息，包括环境污染与破坏的程度、范围、企业环保措施的实行情况等。

（3）扩展环境信息公开的渠道。我国主要采取政府公报的形式来公开环境信息，然而这一方式不能使信息有效地传达给群众，而利用网络的广泛覆盖面来实施信息公开是更加有效的方式。建立环境登记处这样一个互联网平台，提供环境状况公报、环境监测数据，政策、法规、指令、协议、许可、评估报告，以及最新版文件，工业水环境契约型监管的处理进程等，将便于公众时时掌握环境信息，保证公众的知情权和决策权。此外，还可以通过举行环境听证的方式来公开政府对企业监管的决策过程；通过报刊、电视的方式发布环境信息；在开发、建设项目场所附近陈列环境影响说明书等。同时，由于我国地域广阔、各地发展状况、风俗习惯不同，通过广播、散发传单等方式使环境信息快速有效地到达获知方，也是较为有效的防治。综合使用以上方式进行环境信息公开，充分发挥公众的监督作用，促进形成一个强大的社会监督网络，可避免秘密"寻租"行为，降低污染企业对监管者的单方面"俘虏"。

## 4.2.3　环境公益诉讼机制

环境公益诉讼机制是对工业水环境契约型监管中地方政府环境舞弊行为的司法约束，并且现行制度及行政权力对公民环境权和环境公共利益的保护明显不足，随着公民环境意识和法律意识的不断提高，公民要求获得更多诉权来主动参与环境法执行的呼声日益增强。因此，建立中国的环境公益诉讼机制已经成为保护公民环境权益，保障工业水环境契约型监管的现实要求。环境公益诉讼机制是指自然人、法人或者其他组织的不作为甚至违法行为，使环境公共利益受到侵害或即将遭受侵害时，其他法人、自然人或者社会团体为维护公共利益而向人民法院提起诉讼。对于环境公益诉讼的建立和作用发挥，还存在很多需要改进的地方，主要包括以下几个方面。

（1）适度放宽原告起诉资格，扩大起诉主体范围。环境公益没有直接利害关系人，往往涉及不特定多数间接利害关系人的环境公益。目前，有环境诉讼资格的主体仅限行政相对人和直接受到环境污染损害的主体，这种限制必然导致国家环境公益、社会环境公益及不特定数量公众的环境利益受到侵害，而无法寻求司法保护。因此，完善环境诉讼机制应适度放宽起诉资格势在必行：①由于环境污染损害具有广泛性、间接性、潜伏性等特点，法律中应明确将诉讼资格扩展至直接或者间接受到环境污染损害的公民、法人或其他组织；②具体的环境管理行为可能侵害的不仅是行政相对人的权益，法律中应明确将诉讼资格扩展至与该环境管理行为有直接或间接利害关系的所有主体；③民间环保组织较之单独的受害者，具有力量集中、专业技术性强、便于代表公众与政府进行交涉等优势，法律中应明确将诉讼资格扩展至民间环保组织。

（2）建立原告奖励机制与诉讼费用合理承担机制。由于环境公益诉讼的原告方涵盖了出于公益目的而进行诉讼的其他主体，并非是直接的受影响公众，环境公益诉讼可能会带来"搭便车"行为，甚至可能产生"囚徒困境"问题。因此，为鼓励公众提起环境公益诉讼，需要建立一定的激励机制，对环境诉讼原告给予物质上的奖励和费用上的分担[201]：①建立原告奖励机制。环境公益诉讼是对环境公共利益的维护，胜诉的受益人并不仅限于原告本人，并且提起环境公益诉讼耗时耗力，原告还需要承担一定的诉讼费用，因此需要对原告进行一定的奖励，以调动民众进行环境公益诉讼的积极性，提高公众的环境公益保护意识；②建立诉讼费用的分担制度。我国目前实行诉讼费由原告方预付，判决生效后由败诉方承担的制度。环境公益诉讼费用如果全部由原告负担，将不可避免地挫伤其积极性，因此原告败诉的诉讼费用可通过诉讼费用保险或环境保护公益基金的形式予以分担。

### 4.2.4　环保宣传扶持机制

为了使公众积极地参与到环境保护和工业水环境契约型监管中来，须加大力度培养和提高公众的环境意识，扶持环保非政府组织。

（1）加强环保宣传教育。现阶段我国公众的环境意识较差，尤其是在广大的农村，公众的环境意识更是薄弱。要想使公众的环境知识尽快得到增长，环境意识尽快得到提高，必须加强环境宣传教育。环境教育是将系统的环境科学知识予以大众化的过程，是提高公众对环境意识最根本、最有效的途径[202]。我国的环境宣传教育应该有针对性地从以下几个方面着手。

1）加强政府官员的环境意识培养。不仅普通民众需要进一步提高环境意识，作为负责环境行政监察执法的政府人员更需要加强环境意识的培养。与发达国家相比，我国的环境保护公众呈明显的"政府主导型"特征，公众环境意识也呈明显的"政府依赖型"特征。应当说，我国现行的环境质量行政领导责任制对我国环境保护事业的发展起到了关键性作用。但与此同时，个别领导干部的环境意识欠缺，对环境保护与经济发展关系的认识和处理不当，因此，对各级领导干部的宣传仍然是环境宣传工作的重中之重。应对政府官员进行定期、不定期、长期或者短期的培训，提高政府官员自身的环保意识，从思想上防治监管"俘获"情况的发生。

2）多渠道环保宣传。为使环境新闻宣传实现较好的效果，多渠道环保宣传机制的建立非常必要[203]。各省市级环保部门要制定环保宣传的工作指南，保证环保宣传的及时、高效；建立和完善新闻发言人制度，充分利用新闻发布会等形式，宣传重大的环境保护活动的进展、重要环保法律法规的出台；充分利用电视台、网络、报纸等媒介开展环境时事论坛、环境知识竞赛、环保创意大赛、环保摄影征集等活动，培养公众的环保理念、普及环保知识；组织"公众日"等现场参观活动，使公众最直观地感受到环境污染的危害。

3）重视中小学环境教育。青少年是社会的未来，他们的环境意识程度决定了未来社会的环境意识水平，从环境保护和可持续发展的目标出发，应当把中小学环境教育作为环保宣传的基础工作。一方面，教育管理部门、中小学管理者和广大教师应明确环境教育的重要意义，把培养学生的环境意识作为全面育人、培养学生符合时代要求的重要工作。另一方面，中小学教师和教育管理者有责任和义务把培养学生的环境意识纳入自己的工作计划，使之成为教书育人的重要组成部分，积极利用现有的环境教育资料，针对学生特点和本地区、本学校的环境状况，探索多种行之有效的环境教育方式和方法。

（2）大力扶持环境保护非政府组织（以下简称环保 NGO）。环保 NGO 作为公众自愿结成的社会组织，能够促进地方政府与公众的相互沟通，促进地方政府以较小的成本实现工业水环境监管，使公众能够有组织、有秩序地参与到工业水环境契约型监管中。环保 NGO 是社会利益分化与聚合的共同体，具有广泛的代表性、较强的组织优势，能够为社会公众向政府相关部门表达自身环境意愿和利益诉求提供有效渠道，为政府向公众传达政府意图和相关信息提供必要途径；能够增强政府与公众之间的信任和沟通，减少政府与公众的矛盾和冲突，实现社会的稳定和可持续发展[204]。为了扶持、规范、壮大环保 NGO，还需要从以下几个方面进行完善：①完善与我国环保 NGO 相关的法律、法规和政策，明确规定环保 NGO 设立的条件、程序、权利、义务等，赋予环保 NGO 相应的法律地位，当其权益受到损害时应依法获得救济；同时政府可以依法对环保 NGO 的行为活动等进行监管，但不能够对其活动进行随意干涉[205]。②政府应该降低环保 NGO 行政注册、审批的准入门槛，壮大环保 NGO 的队伍，应该在资金、政策方面对环保 NGO 给予一定的支持。③有关部门可以把一些工业水环境监管事务委托给环保 NGO，以提高工业水环境监管的效率，推动环保非政府组织的发展。④应鼓励并支持公众成立和参加民间环保 NGO，使公众有权参与到和环境保护有关的各种活动中，代表环境利益受害者行使环境救济权。

## 4.3　中央-地方-公众合作的工业水环境监管体系运行流程

为使前文设计的中央-地方-公众合作的工业水环境监管体系能够顺利执行，实现契约型监管的激励-约束-监督效力，双层结构和双向监管的监管体系能够体现其现实作用，构建我国工业水环境监管体系运行流程有着非常重要的现实意义，提高公众参与水环境监管的支付意愿，降低公众参与的交易成本，促进包括政府、企业和公众在内的工业水环境监管各主要利益相关者进行沟通、交流与合作，实现环境权益在不同利益相关者之间从不均衡到均衡。

基于工业水环境监管契约实施，以及中央-地方-公众合作的监管体系和保障机制，将监管体系的双层结构和双向监管体现在工业水环境监管体系运行流程中，如图 4.2 所示。

中央-地方-公众合作的工业水环境监管体系运行流程如下：

第一步，地方政府实施工业水环境契约型监管，公布监管契约规定、对企业的疑问进行答复、受理申请并签订契约。与此同时，排污企业针对契约型监管做出企业的环境行为决策、提出疑问、提交监管契约申请、执行监管契约规定。如果企业遵守契约规定，将获得来自地方政府的环境补贴；如果企业违法偷排，则进入下一步。

第二步，企业选择违法排污，地方政府环境行政主管部门对企业进行例行监察。在地方政府对企业进行严格执法时，企业受到环境行政处罚，但企业在非监察时段进行偷排时，公众等社会性监督团体联合地方政府，对企业的水污染物偷排行为进行监管管理；地方政府对企业的偷排行为进行庇护时，公众等社会性监督团体发现地方政府的庇护行为，

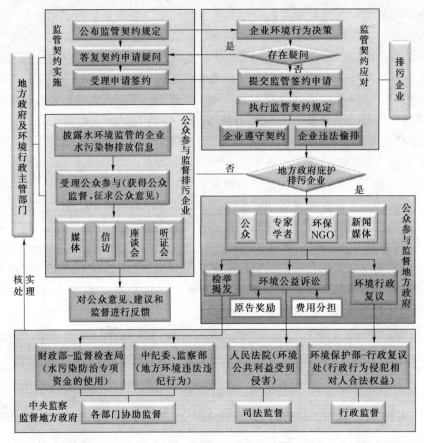

图 4.2 中央-地方-公众合作的工业水环境监管体系运行流程

此时他们将联合中央司法行政监督，对地方政府的环境舞弊行为进行监督管理。下面对这两种情况进行详细阐述。

（1）在地方政府对企业进行严格执法，企业在非检查时段进行偷排时，公众等社会性监督团体将联合地方政府对企业的水污染物偷排行为进行监督管理。地方政府及环境行政主管部门将按以下程序对企业进行监管：

1）根据工业水环境监管的结果构建一套成熟的环境信息公开机制，定时定期对辖区内的水环境质量信息，企业数量、类型、环境守法情况等信息进行公开。

2）地方政府建立完善的公众参与机制，通过听证会、媒体、信访、民意调查等方式，获得公众、学者、新闻媒体、环保 NGO 等社会性监督团体，对企业偷排、私挖暗管、水处理设备非正常运行等环境违法行为的检举，获得对政府环境监察执法人员与排污企业进行合谋等执法、犯法行为的揭发。

3）在获取初步检举揭发信息的基础上，地方政府对这些情况进行现场取证，对违法企业及环境执法人员依法进行制裁。

4）地方政府对公众等社会监督团体的意见、建议和监督进行反馈。

（2）在地方政府对企业的偷排行为进行庇护时，公众等社会性监督团体联合中央司法行政监督，对地方政府的环境舞弊行为进行监督管理。对于地方政府庇护排污企业的行为，公众等社会性监督团体通过三种方式来进行环境保护：

1）地方政府出于地方经济发展对排污企业实施庇护。当这种情形被发现时，公众、学者、环保 NGO、新闻媒体等，可以向人民法院提起关于环境公共利益受到侵害诉讼。同时公众将获得国家为鼓励这种环境公益诉讼行为而给原告提供相应的奖励。如果公众败诉，由于这种诉讼的公益性质，也将获得一定的诉讼费用减免。这种人民法院对环境公益诉讼的受理，构成了工业水环境监管体系中的司法监督。

2）地方环境监察执法人员等收受贿赂、违规执法等，构成对行政相对人等合法权益的侵犯。当这种情形被发现时，公众、学者、环保 NGO、新闻媒体等，可以向环境保护部行政复议处申请行政复议。中央环境行政主管部门在审查地方环境行政主管部门的具体环境行为后做出相应的处理，如果认为地方的具体行政行为存在不当或是违犯法律，将撤销其具体行政行为或要求其进行变更处理。这种中央环境行政主管部门的环境行政复议受理，构成了工业水环境监管体系中的行政监督。

3）地方政府水污染防治专项资金的使用情况及违规违纪行为发生时，公众等社会性监督团体可以向财政部中的监督检查局以及中纪委、监察部，进行检举揭发，多部委联合对公众举报的情况进行监督检查，对其中缺失存在的问题进行依法处理。这种多部委的联合监督构成了工业水环境监管体系中的各部门协助监督。

# 第5章 富春江流域造纸企业水环境监管契约机制设计

富春江流域"一江十溪"的优质水资源，孕育了源远流长的纸文化，使富阳成为名闻全国的"造纸之乡"。造纸业既是富阳市的传统产业，又是支柱产业。但造纸行业也是"三废"污染较严重的产业之一，特别是目前富阳的造纸企业用水量大，废水和废水污染物排放量大，对河流水质的影响也较大。因此，如何协调好富阳造纸业发展和环境保护的关系，是保证富阳经济继续健康、快速和可持续发展战略面临的重要课题。本章针对浙江省富春江流域及其所在地水环境治理概况，在对该流域造纸业及废水排放情况调研的基础上，设计富春江流域造纸企业水环境监管契约机制，构建中央-地方-公众合作的富春江流域造纸企业水环境监管体系，并提出造纸企业水环境监管契约机制及体系在富春江流域顺利实施的对策和建议。

## 5.1 富春江流域水环境综合整治概况

富春江是钱塘江流域的重要干流，其上游由新安江和兰江在梅城汇合而成，下游经钱塘江注入东海。干流长 102 公里，途经建德、桐庐、富阳和萧山。富春江两岸山色清翠秀丽，江水清碧见底，素以水色佳美著称，更兼具浓郁地方特色的村落和集镇点染，使富春江、新安江画卷增色生辉。富春江一带素有"小三峡"之称，"天下佳山水，古今推富春"。富春江在富阳区（原富阳市）境内全长 52 公里，江面宽 500～1000 米，水深 7.20 米，水面面积 7.2 万亩，年平均过境水量 336 亿立方米，集水面积 336.6 平方公里。富阳主要河流为"一江十溪"，即富春江、壶源溪、渌渚江、大源溪、龙门溪、渔山溪、上里溪、青云浦、新桥江、常绿溪、小源溪。这些溪流多为山溪性小河，溪谷狭小，源短流急，溪水涨落大，时有水患和旱灾发生。十溪中除常绿溪经萧山流入浦阳江外，其余九溪均流入富春江，总长度达 177 公里。

### 5.1.1 富春江流域造纸工业及废水排放情况

富阳自古就是我国重要的纸产地，有"造纸之乡""京都状元富阳纸，十件元书考进士"的美誉。富阳的造纸史可追溯到 2000 年前的汉明帝时代，初以桑根造纸，后用藤皮和楮皮，统称皮纸。作为皮纸主要原料之一的桑，以富阳最好，清《杭州府志》载："女桑、山桑出富阳者佳，余县接种者亦名富阳桑。"东晋南北朝时，富阳开始以嫩竹为原料生产土纸。唐代，富阳所产上细黄白状纸，为纸中精品。至宋，富阳竹纸生产技术大进，生产的元书、井纸、赤亭纸，被誉为三大名纸，成为朝廷锦夹奏章和科举试卷的上品用纸。以优质原料精制而成的"谢公笺"更以质地光润、细密、坚韧而闻名全国，有"京都状元富阳纸，十件元书考进士"的美谈。清光绪《富阳县志》载："邑人率造纸为业，老小勤作,昼夜不休。"一脉相传的富阳造纸业在改革开放后获得了前所未有的发展。进入20世纪以来,富阳土纸进入鼎盛时期,纸产量曾占全国总量的25%,"京放纸""昌山纸"曾在巴拿马万国商品博览会上获二等奖。在1929年举行的西湖博览会上,富阳所产油纸、乌金纸、文书纸、桑皮纸获特等奖。

20世纪80年代以来,富阳基本淘汰了传统的自制浆造纸,在全国率先改用废纸做原料,并在90年代造纸业获得空前发展。2000年,富阳造纸业实现工业总产值55.99亿元,比上年增长29.4%,占全市工业总量的23%,成为富阳的第一大支柱产业。2000年,全行业完成造纸总量153.29万t,接近全省总产量的1/2。但这时富阳还没有年产量达10万t的企业(浙江永泰纸业有限公司当年产量最高,为90080t)。2001—2003年间,仅有永泰纸业年产量达到了10万t。2004年,富阳被中国工业经济联合会评为"中国白板纸基地",主要生产涂布白板纸、箱板纸、瓦楞原纸、书画纸和特种纸等30大类100多个品种,其中灰底涂布白板纸产量占全国总产量的1/2以上,机制纸及纸板产量约占全省总产量的1/2、全国总产量的1/12。但在2005年之前,富阳市年产10万t以上的造纸企业总产量仅为32万t,占全市总产量的比例不到8%,2006年分别达到83万t和18.45%,2007年小幅增长至95万t,但占比小幅下降至17.94%。至2008年,年产量10万t以上的造纸企业如雨后春笋般出现,总产量达到245万t(较2007年增加了157.90%),占全市总产量比例的39.52%(较2007年增加了120.29%),2009年则进一步分别提高至347万t和占比55.08%,目前年产量10万t以上企业的总产量已经占到富阳市总产量的70%以上。富阳区环保局数据显示,截至2016年,全区造纸企业规模工业企业120家(按独立法人计算),从业人数1.8万人,完成机制纸及纸板产量607.3万t,实现工业总产值199.7亿元,实现销售产值199.5亿元,实现利润7.7亿元。行业规模企业经济总量占全市规模企业工业经济总量的17.0%。

富阳造纸行业初期的迅猛发展得益于富春江丰富的水资源,但随着富阳区造纸行业的腾飞,大量只经过简单处理的造纸废水直接排放到钱塘江源头。环保问题是富阳市造纸业目前面临的最为严峻的挑战,富春江是钱塘江(流经浙江省省会杭州,同时为杭州的饮用水水源)的上游,因此其水质直接关系到富阳和杭州城区人民群众的饮用水安全问题。富阳造纸产业一度被列为钱塘江流域省级环境保护重点监管行业,富阳市也因此被列入浙江省环保重点监管区。目前,富阳只有少数企业实现了真正意义上的"达标排放",大多数中小型废纸造纸企业的污水治理设施仅为一级气浮式混凝工艺,基本上达不到国家造纸工业水污染物排放标准(GB 3544—92)中的一级标准要求。富阳环保局的数据表明,2000年富阳造纸行业排放废水近3亿t,大量的造纸废水使钱塘江水质下降情况加剧,省环保局已将重点流域(钱塘江首当其冲)、区域、行业和企业的水污染防治纳入工作重点。

## 5.1.2 浙江转型升级中水环境治理概况

富春江流域所在的浙江省的经济是中国经济的缩影,其以牺牲资源环境促进经济增长的发展模式不可持续,转变经济发展方式、改善生态资源环境是全国经济新常态下的重要任务。浙江自2003年提出"生态省"建设理念后,寻求发展路径的绿色转型,完成了从单一生态环境建设到综合绿色浙江建设的转型。在新的发展阶段,浙江省以生态文明建设倒逼企业转型升级，以生态文明建设助推发展路径转变[206]。目前，环境税、生态补偿、排污权交易等生态补偿机制已陆续在浙江各地展开实施。2013 年初，嘉兴畜禽养殖导致的黄浦江死猪事件，浙江省内多地环保局局长被"邀请"下河游泳，10 月强台风"菲特"引发水漫余姚[207]。这些重大水污染、水灾害事件，促使浙江省政府于 2013 年 11 月提出在全省范围内开展包括治污水、防洪水、排涝水、保供水、抓节水在内的"五水共治"工程，并制订了"三步走"时间表，即三年解决突出问题，明显见效；五年基本解决问题，全面改观；七年（2014—2020 年）基本不出问题，实现质变。2014 年省级财政投入 90 多亿元，打响了"清三河""两覆盖""两转型"等污水治理攻坚战役，以清黑河、臭河、垃圾河带动农村污水和生活垃圾处理设施两覆盖、工业和农业转型升级，探索破解水环境治理与转变经济发展方式难题的有效路径[208]。2017 年 2 月 6 日，浙江召开全面剿灭劣 Ⅴ 类水工作会议，省委主要负责同志立下"军令状"，年内浙江将彻底剿灭劣 Ⅴ 类水。浙江以倒逼产业转型升级为突破口，抓住了水环境治理的根源性环节，取得显著效果，在保护环境、修复生态方面走在了全国的前列。总结浙江转型升级中水环境治理的探索，包括以下几个方面。

（1）将水环境治理与经济发展相统一，促进生态投资，发展高新技术产业。浙江省将水环境治理与经济发展有效统一，通过水环境治理促进有效投资，如生态资本投资、基础设施投资、新兴产业投资等，将生态资本转变为富民资本。早在 2005 年 8 月，时任浙江省委书记的习近平同志在浙江湖州安吉考察时，提出了"绿水青山就是金山银山"的科学论断[209]。浙江省重视区域规划问题，强化主体功能定位，优化国土空间开发格局，把其作为实践"绿水青山就是金山银山"的战略谋划与前提条件[210]。在"五水共治"期间，浙江通过工业技术改造投资，实现治水与有效投资的统一。2014 年，全省工业技术改造投资达 5420 亿元，增长 16.2%，占工业投资的 68.8%。同时，2014 年工业废水排放量 14.91 亿吨，比 2013 年减少了 8.73%，集约化发展效果显著。浙江重点发展新材料、新能源、生物医药、高端装备制造业等高新技术产业，逐步使低污染、低消耗、高效益的生态产业成为支撑浙江经济增长的主导力量。大幅提高服务业，尤其是生产性服务业的比例，以"互联网＋"为契机，大力发展信息经济和互联网经济，实现物质投入的减量化和污染排放的最小化。

（2）建立水环境治理的倒逼机制，通过"五水共治"倒逼产业转型升级。浙江省通过"五水共治"工程，解决了市场主体治污动力缺失的问题，以水环境治理为硬约束，淘汰关停落后产能、鼓励企业技术创新与升级，依托生态技术创新，培育和发展清洁、环保的战略性新兴产业，优化工业内部结构。注重产业的集聚发展和循环发展，以生态工业园区为载体，引导关联企业入园，通过形成产业生态链和生态网，实现资源的高效配置、污染物的减量排放、资源的循环利用。2016 年，浙江省整治涉水危重污染企业 444 家，新搬迁入园企业 1407 家，整治生猪散养户 43266 个。绍兴纺织印染、秀洲区王江泾镇织造、富阳造纸、长兴蓄电池等特色产业集群均以治水为契机逐步实现了升级改造。

（3）实施省、市、县、乡镇四级"河长制"，确保每条河都有河长。"河长制"既解决了治水的责任落实问题，又建立跨流域联动机制，有利于克服水环境治理中的跨流域外部性问题。早在 2008 年，湖州市长兴县就率先试行"河长制"。随后，嘉兴、温州、金华、绍兴等多地陆续推行。2013 年 11 月，浙江省委、省政府出台了《关于全面实施"河长制"，进一步加强水环境治理工作的意见》。2015 年 5 月，浙江省委办公厅下发《关于进一步落实"河长制"完善"清三河"长效机制的若干意见》。截至 2016 年 12 月，浙江省已经形成了强大的五级联动的"河长制"体系：6 名省级河长、199 名市级河长、2688 名县级河长、16417 名乡镇级河长和 42120 名村级河长，还配备了河道警长、民间河长。全省共消灭 6500 公里垃圾河，整治"黑臭河"超过 5100 公里，城乡水环境得到明显改善。全省 221 个省控断面水质Ⅲ类以上占 76.9%，比 2013 年提高了 13.1%；劣Ⅴ类水断面占 2.7%，比 2013 年减少了 9.5%，垃圾河、黑臭河基本被消除。

（4）推进水环境治理的市场机制创新与运用。浙江省各级政府都成立了"五水共治"工作领导小组，通过顶层设计来系统推进水环境治理的整体实施，并加强水资源交易机制和补偿机制试点，弥补市场失灵造成的局限性，试图在水环境治理中找到政府与市场的平衡点。早在 2002 年，嘉兴秀洲区就开始试行排污权有偿使用制度，经过区级层面的尝试和市级层面的探索，目前已在浙江省全面推行，并加快了排污交易市场的发展，水环境治理取得初步成效[211]。水环境资源的有偿使用和市场交易有助于实现"谁污染，谁付费"，增强企业水环境治理的积极性与主动性。浙江省嘉兴市、绍兴市等地陆续开展排污权抵押贷款业务，初步形成了排污权抵押贷款市场，COD 排放指标既可以抵押贷款，也可以短期租赁，推动了水环境资源的资本化。据统计，截止到 2014 年底，全省累计开展排污权有偿使用 13271 笔，缴纳有偿使用费 20.46 亿元；排污权交易 4925 笔，交易额 8.89 亿元，全省累计排污权有偿使用和交易额占全国累计总额的 2/3 以上；另有 373 家排污单位通过排污权抵押获得银行贷款 83.13 亿元[212]。

以上举措使得浙江的水环境治理取得了阶段性成效：清洁河道效果显著，基本消灭了垃圾河、黑河、臭河，扭转了水环境恶化的趋势。监测数据显示，与 2013 年相比，2016 年浙江省Ⅰ～Ⅲ类水质断面上升 13.6%，劣Ⅴ类水质断面下降 9.5%；产业转型升级效果明显，全省印染、造纸、化工领域企业基本完成"关停淘汰一批、规范提升一批、搬迁入园一批"的目标，落后产能得到有效解决，环保工程、电子商务、互联网金融、智慧物流、智能制造、健康养老、社交网络等新经济、新业态发展迅速，逐渐成为浙江省新的重要经济增长点。

## 5.1.3 富春江流域水环境治理概况

富阳区政府对其造纸产业主要通过存量和产量两个方面进行产业结构调整[213]：①存量调整：富阳区政府抓大限小，加快行业产业结构调整。延伸产业链，鼓励、引导和扶持一批企业尽快做大规模、做优品种、做响品牌、做强竞争力。通过扶持培养一批企业，既形成一个地方工业经济发展的主力军，同时又依托这些企业，发挥其在机构调整中的示范带头作用，促使所有企业整体提质增效，提升竞争力。推进现有企业上层次、上规模。鼓励企业实施内联外引、资产重组、强强联合，发展成为大企业、大集团。同时，限小汰劣，淘汰企业规模小、工艺落后且污染物浓度和总量不能达标排放的企业。根据政府安排，实行奖励政策，鼓励企业适时淘汰速度慢、产能低、能耗高的老旧生产线。②增量部分：提高造纸业的市场准入门槛。严格限制新上规模小、产品档次低、工艺落后的项目。

提高新上项目的能耗、水耗、电耗的要求，提高项目环境评价要求。鼓励和引进技术先进、资源消耗少、环境污染少的与造纸产业相关的产业，如机械设备制造业、自动控制装备制造业、与造纸相关的物流产业等。

在浙江省环保厅 2009 年发布了《关于进一步建立完善建设项目环评审批污染物排放总量削减替代区域限批等制度的通知》之后，富阳区委、区政府对造纸行业污染整治痛下决心，深入开展了造纸行业的专项整治工作。富阳成立了节能减排攻坚决战领导小组，建立了日报制、例会制、督查制、通报制等工作机制，分管副市长一周一督查，市长半月一督查，市委书记一月一督查，及时掌握整治工作进度情况，全面推进环境基础设施建设。完成了全长 63km 的江南片造纸污水截污管网建设，建成了八一、灵桥、春南三大集中式污水处理厂中水回用工程和清园热电 1500t/d 污泥焚烧项目，加快了大源污水处理厂建设。完成了 307 家造纸企业节水提标改造工作和 50 家企业清洁生产审核，并同时加大了环境执法监管的力度。

2013 年，浙江省委十三届四次全会提出：要以治污水、防洪水、排涝水、保供水、抓节水为突破口倒逼转型升级。富阳区政府集中力量，在富阳春江太平村（富阳自来水厂取水口）、杨浦溪、大源溪、小源溪开展"五水共治"工作，并实施"富阳区造纸大集团组建"，依托浙江三星热电、浙江富春江集团下属的富春环保热电（上市公司）、板桥集团下属的板桥清园及浙江永泰集团下属的永泰热电进行整合，重点扶持培育百万吨级造纸大企业集团，做大规模、做优品种、做响品牌、做强竞争力，形成骨干龙头企业带动、公共研发和服务平台支撑、配套产业协调发展的现代产业集群。同时借助省银行业协会、省银监会等部门的力量对行业企业进行金融帮扶，特别是杭州板桥纸业有限公司的担保圈出险影响的风险遏制等。

截至 2013 年，富阳区政府先后实施了第六轮造纸生产线关停工作，累计关停造纸生产线 483 条，关停淘汰总产能达 230.94 万 t，牺牲造纸业产值 200 多亿元、税收 10 多亿元，使造纸业税收占财政总收入比重从 2010 年的 31％一路跌到 2015 年的 8％[214]。同时增强企业污染治理能力，对部分排水量超标的企业实施了限期治理[215]。富阳区规划将造纸企业总数控制在 50 家左右，同时将造纸园区打造为循环经济示范区，从废纸、纸浆到成品、废料处理，都实行循环化、生态化、减量化，把造纸对环境的影响降到最低。富阳区历年淘汰落后生产线情况见表 5.1。

表 5.1　　　　　　　　　　富阳区历年淘汰落后生产线情况

| 轮　　次 | 生产线/条 | 减少企业/个 | 消减产能/万 t | 减废水/万 t |
|---|---|---|---|---|
| 第一轮（2005—2006 年） | 98 | 88 | 33 | 3960 |
| 第二轮（2008—2009 年） | 54 | 13 | 30 | 1804 |
| 第三轮（2010 年） | 55 | 44 | 54.31 | 2538 |
| 第四轮（2010—2011 年） | 152 | 70 | 174.01 | 4140 |
| 第五轮（2011 年） | 64 | 61 | 80 | 3558 |
| 第六轮（2013 年） | 60 | 55 | 119 | 1951 |
| 合计 | 483 | 331 | 230.94 | 16000 |

2014年11月，富阳区政府出台《关于富阳市造纸企业大集团组建的实施意见（试行）》，提出有效整合三一造纸工业园区资源，通过企业间兼并重组，重点扶持打造3~5家百万吨级造纸大企业集团，形成骨干龙头企业带动、公共研发和服务平台支撑、配套产业协调发展的现代造纸产业集群。同年，富阳区政府在大批量的关停潮下，将51家造纸厂合并为4大集团，见表5.2。自2015年以来，永正控股集团、春胜控股集团、鸿昊控股集团和新胜大控股集团四家造纸大集团相继成立[216]。

表 5.2 　　　　　　　　　　　　富阳 51 家造纸企业合并后情况

| 造 纸 集 团 | 规　模 | 年产能/万 t |
|---|---|---|
| 浙江永正控股 | 16 家造纸厂 | 250 |
| 浙江春胜控股集团 | 8 家造纸企业 | 100.8 |
| 浙江鸿昊控股集团 | 8 家造纸企业 | 106 |
| 浙江新胜大控股集团 | 19 家造纸企业 | 106 |

2015年，永泰集团与正大集团共同组建造纸大集团，并在此基础上兼并和收购16家造纸企业，组建完成后，永正控股集团造纸产能将达到250万t以上，白板纸产能将排列全国第7位、浙江省第1位。与永正控股合并重组的组建方式不同，浙江春胜控股集团有限公司采用收购形式组建，由春胜控股集团收购8家造纸企业股权，是富阳第一家单一股东造纸集团。浙江春胜控股集团有限公司年审批产能100.8万t，进入全国造纸行业前20强。2016年1月，8家造纸企业积极重组，富阳第三大造纸大集团诞生！据悉，正在组建的鸿昊控股集团由8家造纸企业发起成立，合计审批产能106万t，将进入全国造纸行业前10强。2016年7月1日，富阳第4家造纸大集团成立，浙江新胜大控股集团由19家造纸企业合并而成，年产能106万t。

2017年4月，富阳大源镇造纸企业涉嫌跨地区偷倒垃圾。同月底，富阳70余家造纸厂开始"分批轮休"[217]。接着，富阳便开启了这一模式，几乎每月都会进行为期十天以上的轮休。7月，"富阳纸企因价格垄断遭国家发改委重罚"的消息在圈内外广泛流传。在多重因素的共同作用下，自2016年底起纸价开始持续飙升，包装类原纸供不应求，而富阳造纸厂却要不停地减产限排。据当地曾任官员表示，"因钱塘江为杭州300多万人口的水源地，而富春江与钱塘江相连，富春江地区企业前期不规矩的污水排放行为，让我们时刻担心饮水安全问题。"最终，富阳决定放弃造纸行业，要求相关纸厂3年内必须停产腾空。

2017年8月，浙江永正控股有限公司进入破产清算程序，打响了富阳春江街道临江村华共区块整村搬迁的第一枪。接踵而来的是各种停产检修，"最快要在春节前停产，拆除第一批造纸企业"，富阳江南区政府，"关于企业搬迁何处，我们也做了两手准备，目前已于江苏地区进行了接洽，富阳纸企也愿意过去，像是万盛纸业已在淮安定下100多亩地；对于想要留在本地的，可以与低碳造纸、书画艺术等文化产业相结合，富阳区只保留部分特种纸企业和传统手工纸生产工艺"。

2017年11月，富阳区政府提出，按照江南新城总体布局，要加快推进江南新城"产业业态"转型升级，根据《关于拆除或搬迁工业企业补偿政策的实施意见（试行）》（富政函〔2011〕75号)、《富阳市人民政府关于主要污染物排放权有偿使用和交易的实施意见(试行)》(富政函〔2014〕118号)等相关规定,制定出台了《富阳区江南新城拆除工业企业补偿方案》。《方案》指出,在春江街道、大源镇、灵桥镇范围内规划的江南新城核心区域及其拓展区域内,拆除收回土地使用权的工业企业,力争在5年内完成拆除,其中造纸企业到2019年底前完成停产腾空。

## 5.2 富春江流域造纸企业水环境监管存在问题

浙江省及富阳区政府在工业转型升级中,不断探索水环境治理的方式、方法,并取得了丰硕的成果。然而,目前对于造纸产业的污染治理和行业转型升级,采取的都是强制性关停并转迁措施,缺乏对于以富阳造纸企业为代表的广大浙江县域经济特色及中小企业自身特征的充分考虑,并不能为浙江乃至江苏、福建等拥有大量中小企业的地区水污染防治带来良好借鉴。转型升级和水环境治理工作并非易事,无论是传统低成本优势的转变、企业布局的优化,还是政府对环境保护与经济发展的两难选择,均面临着诸多矛盾与困境。总结起来,富春江流域造纸企业目前的水环境监管存在机制设计和体系构建两方面问题。

### 5.2.1 富春江流域造纸企业水环境监管机制设计问题

长期以来,浙江主要依靠低成本优势参与国内外竞争,实现了本土企业成长与区域经济发展。一方面,低成本优势的背后体现了资源要素驱动的传统模式,大批浙江企业处在产业链的原材料供应、初级产品制造、加工组装等低端环节,产品档次低、附加价值小、粗放的经济发展方式对生态环境尤其是水环境造成了严重的破坏。在这种拼低成本优势的情况下,不仅使得企业面临巨大的转型升级压力,而且通过提高水环境治理成本的做法也会削弱浙江经济在国际竞争中的优势。目前已经出现国际投资转移至中西部乃至印度、菲律宾等成本更低(包括资源要素成本、环境成本和劳动力成本)的地区和国家的现象。另一方面,浙江省是以民营经济为主体、外向型经济为特征的县域经济,这种县域经济以中小企业(家庭作坊和个体厂商)分散加工为主。"小而散"的企业格局形成了众多零星的污染源,阻碍了水环境的集中治理,增加了治理成本和难度。对于家庭作坊和个体厂商而言,低成本加工和小规模经营的生产方式,在水污染治理领域既缺乏技术创新能力,又没有成本优势,使浙江水环境治理陷入"不经济"的困境。

富阳造纸园区作为浙江省最重要的造纸基地,粗放式的生产方式没有从根本上转变过来,与打造先进制造业基地还有巨大差距,早期的竞争优势(主要是环境资源优势)已经变得越来越弱。目前,行业普遍面临的问题是:数量多、规模小;大多数企业生产工艺设备落后;废水排放量大,污染严重。随着总量控制提上议事日程,政府主管部门将对富阳造纸企业废水排放量和COD排放量作出严格的限制,有限的环境容量已经限制了该行业的进一步发展壮大。针对造纸行业整治提升,省、市两级政府多次出台了指导意见、提升方案等,如:《浙江省人民政府关于"十二五"时期重污染高耗能行业深化整治促进提升的指导意见》(浙政发〔2011〕107号)、《关于印发浙江省印染造纸制革化工等行业整治提升方案的通知》(浙环发〔2012〕60号)以及《杭州市人民政府关于推进工业转型升级加快淘汰落后产能的若干意见》（杭政函〔2010〕276号）、《印染造纸化工行业整治提升方案的通知》（杭政办函〔2013〕82号），等等。

中小企业由于规模小、技术落后、资金充裕度低、承受风险的能力差等诸多方面的因素，比大企业面临更大的环境压力，甚至成为大企业之间竞争的牺牲品。因此，在对企业环境问题日益重视的背景下，如何根据以富春江流域造纸企业为代表的中小企业自身的特点，有针对性地设计水环境监管机制，使其能够正确处理环境问题带来的机会和风险，能够采取合适的环境战略来培养自身的竞争力，提高企业的可持续发展能力，是亟待解决的问题。综述分析，富春江流域造纸企业的水环境监管机制设计存在以下问题。

（1）浙江省是以民营经济为主体、外向型经济为特征的县域经济。在以中小企业（家庭作坊和个体厂商）分散加工为主的县域经济中，企业如何根据外部环境和自身因素合理地决策水污染物动态排放控制策略，政府如何制定水环境监管机制引导企业实现自觉治污，这些都需要在明确企业水环境行为作用机理的前提下展开研究。

（2）当中小型造纸企业获得来自地方政府的政策支持时，由于体量小、受制度牵绊较少，通常会选择更加努力地开展减排活动作为回馈。比如：政府为企业提供财政拨款、低息贷款等间接补贴，或减税、退税及特别扣除等间接补贴，都能够激励企业开展生产废水治理、清洁生产工艺改造等减排行动，唤起企业反馈更高质量的配套服务，最终提高环境监管的整体效率。因此，对于富春江流域中小型造纸企业的监管，更加有必要将行为经济学的公平互惠理论与委托-代理理论相结合，探索和优化管理方法。

## 5.2.2 富春江流域造纸企业水环境监管体系问题

（1）富春江流域造纸企业水环境监管体系现状。水环境监管体系依托于水环境的管理体制，富春江流域现行的是在横向上部门管理和行政区域管理相结合、环保部门统一监督管理与有关部门分工合作的管理体制，在纵向上实行的是各级地方政府对环境质量分级负责的管理体制。《水污染防治法》（2017年修改）第九条规定："县级以上人民政府环境保护主管部门对水污染防治实施统一监督管理。交通主管部门的海事管理机构对船舶污染水域的防治实施监督管理。县级以上人民政府水行政、国土资源、卫生、建设、农业、渔业等部门以及重要江河、湖泊的流域水资源保护机构，在各自的职责范围内，对有关水污染防治实施监督管理。"在这一体制下，其工业水环境监管体系中排污企业接受来自地方政府与环保部门及其他相关部门的多重监管。环保、水利、国土、卫生、建设、农业、渔业、林业等多个部门都参与到工业水环境监管工作中。环保部门为水环境统一监管部门，水利等其他部门为辅助部门，即形成了"环保部门统一监管，多部门合作监管"的工业水环境监管体系现状。目前，富春江流域的造纸企业水环境监管体系如图5.1所示。

富春江流域现行工业水环境监管体系主要包括富春江流域范围内的各级人民政府，及其管辖的环境行政主管部门、水行政主管部门、发改委及建设、交通、农业、卫生等相关部门。其中，环保部门主要负责对环境保护工作进行统一的监督与管理；水利部门主要负责对水资源相关工作进行监督和管理；发改委主要负责推进可持续发展战略，提出资源节约、综合利用的政策，组织协调环保产业工作；建设、交通、农业、卫生等其他相关部门

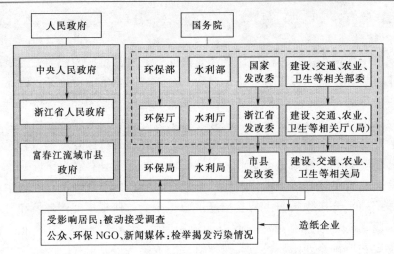

图 5.1  富春江流域现行造纸企业水环境监管体系

在各自的职责范围内，对有关水污染防治实施监督管理。同时，人民政府对这些部门进行指挥、管理、监督、协调。在富春江流域现行工业水环境监管体系中，浙江省在造纸企业水环境监管体系构建和完善中已经做出了很多试点和尝试，如环境公益诉讼、社区环境圆桌会议等公众参与的形式。

（2）富春江流域造纸企业水环境监管体系存在的问题。富春江流域工业水环境监管体系建设在全国范围内虽处于领先地位，已经建立了上文所述的很多协调监管部门机构，但其中存在的问题也不容忽视。

1）部门职能交叉重叠，协调机制不完备。我国这种统一管理与分部门管理相结合的管理体制，以及一些立法和历史遗留原因，使得水环境监管各部门职责不明、权限不清，部门职能交叉重叠，形成"多龙治水"的管理困境。环保部门与建设部门、卫生部门，在污水处理厂的建设和管理方面、农村环境污染方面存在很多交叉。这种多部门管理与职能交叉，"多龙治水"造成了工业水环境监管效率的低下。

2）环境监管信息差显著，缺乏有效共享机制。政府、企业、公众之间缺乏有效信息的沟通，信息严重不对称。企业为了追求经济效益而隐瞒真相，民众受污染所害要求知道真相，这就产生了对立。政府间也为了保护自身利益和防止承担失职责任等而选择信息保护。富春江流域环境信息共享机制主要存在以下两方面问题：第一，环境信息公开法规体系不完善。目前无针对富春江流域专门的信息公开法或环境信息公开法，各种关于环境信息公开的法律规范零散分布在各种法律文件中。第二，环境公开单向且存在一定的失实。目前富春江流域各部门都建立了各自的网站并进行信息公开，但这种单行的信息公开形式，很难保证公开的全面性、真实性、及时性。同时，一些企业存在隐瞒环境污染信息、虚报环境信息的倾向，导致信息的真实性难以考证。

3）公众参与途径单一，缺乏环境公益诉讼机制。

从图 5.1 所示的富春江流域现行工业水环境监管体系结构中可以看出，现行的监管依然是一种自上而下的形式，其中受影响的居民依然是一种被动接受调查的公众参与形式，环保 NGO 和新闻媒体等发现企业环境违法行为时，只能采取一些举报和曝光的形式来进行。而对于滥用职权、玩忽职守、徇私舞弊的环境保护监督管理行为，监管不到位以及执行不力的情况，公众等社会性监督团体并没有更多的渠道来申诉。环境公益诉讼作为一种新型的诉讼形式，在我国立法上并没有得到确认，但由于人们运用法律解决环境问题的要求日益迫切，环境公益诉讼在司法实践中已屡见不鲜。环境公益诉讼的司法实践在法律依据缺失的情况下纷纷展开，诸如此类的案件层出不穷。然而由于我国法律缺乏相关规定或者即使有相关规定也不能适应环境纠纷的特点，法院都以"法无明文规定"为由判决原告败诉，或以当事人诉讼的事项"不属于法院的受案范围"，或以当事人"原告主体不适格"为由将当事人拒之门外。此类现象的出现说明，人们通过法律手段解决环境问题的要求十分迫切，但由于环境公益诉讼在立法上的缺失，法院在办案过程中不得不有所顾忌，在办理环境公益诉讼案件时处于进退两难的尴尬境地。

4）环保宣传缺失，公众参与乏力。在富春江流域工业水环境监管体系的构建中，不应当忽略当地居民在这个利益关系网中扮演的双重角色问题，一方面他们是巨大经济利益的受益者，另一方面也是严重环境污染的受害者。大规模的中小企业发展带动了整个苏南地区的飞跃，人民生活发生了质的变化，物质上得到了极大的满足，而眼前的污染却使得民众怨声载道。民众通过网络等形式质疑政府的官方说法，痛斥政府的不作为。对经济利益的难以割舍和对污染的深恶痛绝充斥了民众的内心，这也在很大程度上影响着政府决策的方向和力度。在该地区加强环保宣传并大力扶持环保 NGO 显得尤为重要和必要。

## 5.3 富春江流域造纸企业水环境监管契约设计

水环境监管是水环境治理工作的基石，通过上文总结的各种措施，富春江流域水环境治理取得了阶段性成效，但未来水环境治理任务依然艰巨。环境监管能力是水环境治理工作开展的重要保障。水环境质量任务越重，越需要科学的环境监管作为有力支撑。现实中各排污企业的水污染物处理成本并不完全相同，应执行的工业水环境监管契约内容取值也就不尽相同，按成本高低区分的两级水环境监管契约受到局限。鉴于相同行业的水污染物种类相差不大，有着较为相近的水污染物处理成本，因此将企业按照行业进行细分，制定多级的工业水环境监管契约，将是更加现实有效的方式。本节以造纸行业为例，设计富春江流域水环境监管契约机制。通过确定富春江流域的重点工业行业及其水污染物排放限制，选取行业典型水污染物，核算水污染物处理成本，最后在流域总量控制目标下完成造纸企业的最优水环境监管契约安排。

### 5.3.1 富春江流域造纸业排放限值及典型水污染物选取

（1）富春江流域造纸业排放限值。为进一步降低造纸行业排污总量，加速富春江流域的产业结构调整，从根本上解决结构性污染问题，表5.3确定了污水的排放浓度限值，表5.4确定了污水的排放量限值。对浓度和量这两个值的限定，有力地控制了整个流域的污染物排放总量，防止企业可能采取的注清水稀释生产废水污染物浓度、规避检查等行为。

**表 5.3**　　　　　　造纸业主要水污染物排放浓度限值　　　　　单位：mg/L

| 工业行业 | | 化学需氧量（COD） | 氨氮 | 总氮 | 总磷 |
|---|---|---|---|---|---|
| 造纸工业 | 商品浆造纸企业 | 80 | 5 | 15 | 0.5 |
| | 废纸造纸企业 | 100 | 5 | 15 | 0.5 |

**表 5.4**　　　　　　　　　　造纸业允许排水量限值

| 工业行业 | | 限值 |
|---|---|---|
| 造纸工业 | 商品浆造纸企业 | 吨纸最高允许排水量，m³/t 纸 | 12 |
| | 废纸造纸企业 | 吨纸最高允许排水量，m³/t 纸 | 15 |

（2）富春江流域造纸业典型水污染物选取。从来源、特征及危害等角度对富春江流域造纸业的水污染物进行分析，该流域造纸企业在制浆（化学法）和造纸生产过程中主要产生三类废水：黑（红）液、中段废水和纸机白水。黑（红）液主要是蒸煮制浆废水，中段水包括纸浆洗涤、筛选、漂白废水，纸机白水为抄纸车间废水。其中蒸煮废水的环境污染最严重，占整个造纸工业污染的 90%。在制浆过程中，一般每生产 1t 废纸浆，废水排出量达 100~150m³。此类废水的可生化性很差，主要特征为：SS 含量高、COD 含量高、黑液危害大、抑制性物质及生物毒性含量高、负荷和废水流量波动幅度大并伴有纤维、化学品溢泄等[189]。

《第一次全国污染源普查公报》对主要工业行业水污染物排放情况的普查结果如下：①化学需氧量排放量居前几位的行业：造纸及纸制品业 176.91 万 t、纺织业 129.60 万 t、化学原料及化学制品制造业 60.21 万 t、饮料制造业 51.65 万 t、食品制造业 22.54 万 t、医药制造业 21.93 万 t；②氨氮排放量居前几位的行业：化学原料及化学制品制造业 13.16 万 t、有色金属冶炼及压延加工业 3.13 万 t、石油加工炼焦及核燃料加工业 2.57 万 t、农副食品加工业 1.79 万 t、纺织业 1.60 万 t、皮革毛皮羽毛（绒）及其制品业 1.49 万 t、饮料制造业 1.24 万 t、食品制造业 1.12 万 t；③石油类排放量居前几位的行业：通用设备制造业 1.25 万 t、黑色金属冶炼及压延加工业 0.90 万 t、交通运输设备制造业 0.75 万 t、化学原料及化学制品制造业 0.66 万 t、金属制品业 0.64 万 t、石油加工炼焦及核燃料加工业 0.57 万 t；④挥发酚排放量居前几位的行业：石油加工炼焦及核燃料加工业 5110.68t、化学原料及化学制品制造业 861.82t、黑色金属冶炼及压延加工业 717.72t、造纸及纸制品业 346.04t。

结合富春江流域造纸业废水特性及《第一次全国污染源普查公报》对主要工业行业水污染物排放情况的普查结果，选取出富春江流域重点工业行业典型水污染物，见表 5.5。

**表 5.5**　　　　　　富春江流域造纸业典型水污染物

| 工业行业 | | 典型水污染物 |
|---|---|---|
| 造纸工业 | 商品浆造纸企业 | 化学需氧量（80mg/L） |
| | 废纸造纸企业 | 化学需氧量（100mg/L） |

## 5.3.2 富春江流域造纸业水污染物处理成本核算

企业的水污染物治理成本是工业水环境监管契约设计的先决条件，然而治污成本是排污企业的私有信息，无法直接获得。本书根据《给水排水设计手册第十册技术经济》给出的方法对企业水污染物处理成本进行核算。构成成本计算的费用组成有以下几部分。

(1) 处理后污水的排放费 $E_1$：处理后污水排入水体如需支付排放费用时，按有关部门的规定计算，计算式为

$$E_1 = 365 \cdot Q \cdot e \tag{5.1}$$

式中    $Q$ ——平均日污水量，$m^3/d$；

       $e$ ——处理后污水排放费率，元/$m^3$。

(2) 能源消耗费 $E_2$：包括电费、水费等在污水处理过程中所消耗的能源费。工业废水处理中除电费、水费外，有时还包括蒸汽、煤等能源消耗，如耗量不大，可略而不计，耗量大应进行计算。污水处理厂的电费计算式为

$$E_2 = \frac{8760 \cdot N \cdot d}{m} \tag{5.2}$$

式中    $N$ ——污水处理厂内德水泵、空压机或鼓风机及其他机电设备的功率总和（不包括备用设备），$kW$；

       $m$ ——污水量总变化系数；

       $d$ ——电费单价，元/（$kW \cdot h$）。

药剂费 $E_3$、工资福利费 $E_4$、固定资产基本折旧费 $E_5$、大修理费 $E_6$、无形资产和递延资产摊销费 $E_7$、管理费用和其他费用 $E_9$、流动资金利息 $E_{10}$ 的计算一般与给水工程制水成本的计算方法相同；检修维护费 $E_8$ 因工业废水对设备及构筑物的腐蚀较严重，应按废水性质及维修要求分别提取。计算式中处理水量 $Q$ 均应按平均日污水量（$m^3/d$）计算。

(3) 污水、污泥综合利用的收入，如不作为产品且价值不大时，可在污水处理成本中除去；如作为产品且价值较大时，应作为产品销售，减去处理成本后作为其他收入。

(4) 年经营费用和年成本的计算与治污成本的计算方法相近。单位处理成本计算式中的全年处理水量 $\sum Q$ 为 $365Q$。

(5) 排水收费标准的测算：排水水费标准的测算基本与水价的测算相同，但因为过去的排水管理机构大多为事业单位，由事业单位转变为企业后，近期的利润率不可能达到供水行业的水平。

富春江流域在治理污染实现达标排放的过程中，地区、行业、规模与所有制成分之间均存在显著的治污成本差异性，遵照表 5.6 工业行业废水处理技术标准的国家标准和浙江省地方标准及实际工程运行经验，核算富春江流域水污染物处理成本，这为实施成本差异性的工业水环境契约型监管提供了现实可能。

表 5.6　　　　　　　　　　富春江流域重点工业行业废水处理技术标准

| 工业行业 | 工业行业废水处理技术标准 | 处理工艺 | 运行成本/(元/t) |
|---|---|---|---|
| 造纸工业 | 制浆造纸废水治理工程技术规范（征求意见稿） | 气浮-水解酸化-IC-曝气-混合反应-砂滤工艺 | COD=70mg/L 1.89 元/t |

注　此表中的成本数据由相关文献的工程实践得出，由当时物价水平决定。

### 5.3.3　富春江流域造纸企业水环境监管契约的参与约束

浙江省是以民营经济为主体，外向型经济为特征的县域经济。这种以中小企业分散加工为主县域经济、"小而散"的企业格局，形成了众多零星的污染源，阻碍了水环境的集中治理，增加了治理成本和难度。对于家庭作坊和个体厂商而言，低成本加工和小规模经营的生产方式使其在水污染治理领域既缺乏技术创新能力，又没有成本优势，致使浙江水环境治理陷入"不经济"困境。作为浙江省最重要的造纸基地，富阳造纸园区粗放式的生产方式没有从根本上产生转变，与打造先进制造业基地还有巨大差距。目前，行业普遍面临的问题是数量多、规模小，大多数企业生产工艺设备落后，废水排放量大、污染严重。

许多关于中小企业环境问题的研究指出，中小企业实施环境管理难度较大主要是由于[218]：①环境保护主体认知不清。部分中小企业错误地认为企业生产对环境的影响可以忽略，政府才是环境管理的主体。②环境伦理浅薄。将经济利益置于社会责任和环境责任之上。③治污成本压力。认为遵从环境法规会使得企业成本上升，基于经济利益考虑，对环境法规往往持抵制态度。④缺乏法律意识。对现行法规缺乏认识、没有能力评估法规可能对其产生的影响，而对法规遵从不力。⑤缺乏环境管理系统（EMS）。由于时间、技术、成本制约，以及收益认识不足、企业文化的抵制等多种因素，大部分中小企业缺少环境管理系统（EMS）等。

上述问题在富春江流域造纸企业中都有不同程度的存在。虽然这些中小型造纸企业在富春江流域乃至全国经济中都享有举足轻重的地位，但环境问题严重影响了它们的进一步发展，成为每个中小企业不可回避的问题。本节对富春江流域造纸企业水环境监管契约的参与约束进行研究，旨在从企业的角度研究其水环境行为、揭示其行为决策的机理，对于更为科学地设计水环境监管机制，推进流域污染治理具有十分重要的意义。

因此，选取富春江流域某造纸企业的水污染物处理成本数据，$c=1.28$ 元$/m^3$，对上述模型给出实证性数值分析。首先，假设庇护概率 $\eta$ 一定，模拟政府监管概率 $P$ 与公众参与程度 $\lambda$ 对单位水污染物的处罚额度 $f$ 的影响。基础数据取值见表 5.7。

表 5.7　　　　　　　　　　基础数据取值表

| 基础数据取值 | 企业单位水污染物处理成本 $c$/(元$/m^3$) | 公众参与程度 $\lambda$ | 监管概率 $P$ | 庇护概率 $\eta$ |
|---|---|---|---|---|
| 工况 1 | 1.28 | 0.1 | 0.1 | 0.1 |
| 工况 2 | 1.28 | 0.3 | 0.3 | 0.1 |
| 工况 3 | 1.28 | 0.5 | 0.5 | 0.1 |
| 工况 4 | 1.28 | 0.7 | 0.7 | 0.1 |

注　参考 2016 年各大行贴现率，假设此处贴现率为月 3‰。

将表5.7数据代入式（3.13）可得表5.8。

**表 5.8**                     **不同工况下单位水污染物的处罚额度 $f$ 的取值**

| 工况 | 工况1 | 工况2 | 工况3 | 工况4 |
|---|---|---|---|---|
| $f/(元/m^3)$ | 7.07 | 2.62 | 1.77 | 1.44 |

另外，应用 Matlab7.0 进行数据模拟，得到图5.2。

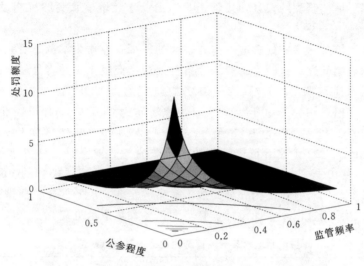

图5.2  公参程度、监管频率与处罚额度相关关系图

由表5.8和图5.2的结果可以得出，公众参与程度和监管概率与处罚额度呈反相关关系，即公参程度和监管频率越小，企业达标排污需要的处罚额度越大，反之公参程度和监管频率越大，企业达标排污需要的处罚额度越小。当监管频率和公众参与程度都为0时，处罚额度达到最大值。

其次，假设监管概率 $P$ 与公众参与程度 $\lambda$ 一定（ $P=0.1$，$\lambda=0.1$ ），模拟庇护概率 $\eta$ 对处罚额度 $f$ 的影响。

图5.3的模拟结果显示，在同样的监管效果下，庇护概率的降低能够使处罚额度降低。

上述模拟结果显示，政府监管概率和公众参与程度的提高、地方政府对企业庇护概率的降低都能够在调低单位水污染物偷排行政处罚额度的情况下，达到同样的监管效果。因此，要减少违法排污现象，并非一定采取很容易产生抵制情绪的"加大处罚"的传统做法。富春江流域造纸企业的水环境监管契约机制的有效实施，可以通过制度规定加大监管频率、政策支持

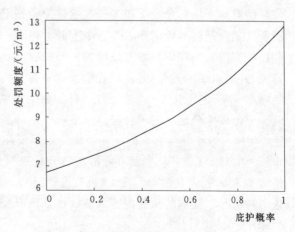

图5.3  庇护概率与处罚额度的相关关系图

79

提高公众参与程度、强化监管渎职的监督机制等辅助措施得以实现。

### 5.3.4　富春江流域造纸企业水环境监管契约设计

富春江流域已经有一部分造纸企业进入工业园区，实现了园区统一处理，但是还有部分企业仍然采用直排的形式。本书设计的水环境监管契约中的水污染物排放标准涵盖两方面的标准：直排企业的直排标准和接管企业的接管标准。下面的富春江流域造纸企业案例为直排企业的水环境监管契约设计，接管企业的工业水环境监管契约机制设计方法相近，此处不做赘述。

选取富春江流域两污染物处理成本差异较大的造纸企业作为案例，研究本书设计工业水环境监管契约机制问题。这两个企业均为自行处理生产废水，并将处理出水排入富春江流域水体，出水水质按照 DB 32/1072—2007 的规定达到 COD 不超过 60mg/L 的标准。两个企业的废水产出量均为 1500m³/d，设计出水水质为 COD≤40mg/L。企业 1 COD 产出浓度为 990mg/L，处理成本为 1.83 元/m³；企业 2 COD 产出浓度为 2550mg/L，处理成本为 2.34 元/m³。在工业水环境监管契约中，政府为企业设计了两种水污染物排放标准 $[q_1, q_2]$，$q_1 = 40mg/L$，$q_2 = 60mg/L$。企业 1 为处理低成本类型的企业，应倾向于选择排放标准高的契约；企业 2 为处理高成本类型的企业，应倾向于选择排放标准低的契约。应用式 (3.20) 为这两个企业设计监管契约，各参数取值见表 5.9。

表 5.9　　　　　　　　　造纸企业水环境监管契约设计的基本参数值

| 参数 | $c(q_1, \theta_1)$ /(元/m³) | $c(q_2, \theta_1)$ /(元/m³) | $c(q_1, \theta_2)$ /(元/m³) | $c(q_2, \theta_2)$ /(元/m³) | $T(q_1, \theta_1)$ /(万/月) | $T(q_2, \theta_2)$ /(万/月) | $F_a(q_1, \theta_1)$ /(万/次) | $F_a(q_2, \theta_2)$ /(万/次) | $\gamma_1$ | $\gamma_2$ |
|---|---|---|---|---|---|---|---|---|---|---|
| 取值 | 1.83 | 1.46 | 2.34 | 1.87 | 30.83 | 40.08 | 5.3 | 6.89 | 0.5 | 0.5 |

| 参数 | $V_1$ /(m³/d) | $V_2$ /(m³/d) | $\Delta t_1$ /年 | $\Delta t_2$ /年 | $l:k$ | $C_r$ /(元/次) | $\lambda$ | $\eta$ | $Q_1$ | $Q_2$ |
|---|---|---|---|---|---|---|---|---|---|---|
| 取值 | 1500 | 1500 | 2 | 2 | 1 | 440 | 0.2/0.6 | 0.01/0.1 | $Q$ | $Q$ |

当企业选择 $q_2 = 60mg/L$ 的排放标准时，假设污染物处理成本为选择 $q_1 = 40mg/L$ 排放标准的 0.8 倍；企业 1 和 2 每次偷排对下游造成损失 $D(q_i, \theta_i)$，从人体健康、农业、渔业、工业经济、生活用水等五个方面考虑[219]，假定为 5.3 万元/次和 6.89 万元/次；企业违法排污被叫停后，地方政府损失的税收 $T(q_i, \theta_i)$ 由相似规模造纸企业推定为 30.83 万元/月和 40.08 万元/月；假设地方政府完全无法获得企业的私人信息，对企业类型的推测概率 $\gamma_i$ 确定为 0.5；由于浙江省排污权交易期限为 2 年，假设 $\Delta t_i$ 为两年；本案例中假设企业治理生产废水的单位努力水平所产生的附加经济收益产出因子 $k$ 与环境收益产出因子 $l$ 相同，这个比例在实际运用中尚需根据实际经济社会运行情况进行具体量值；监管成本 $C_r$ 由《浙江省环境监测专业服务收费标准（修订）》确定；由于来水量均为 1500m³/d 推定 $Q$ 相同；公共参与程度 $\lambda$（可改进变量），分别讨论 $\lambda$ 较低为 0.2 时和 $\lambda$ 较高为 0.6 时这两种情况下契约的执行内容取值；地方政府庇护企业的概率 $\eta$，分别对 $\eta = 0.01$ 和 $\eta = 0.1$ 的情况进行讨论。

（1）模型求解。采用本书工业水环境契约监管模型，以 COD 作为造纸企业的代表性水质指标，输入表 5.9 中的基本参数取值，得到工业水环境监管契约的执行内容取值，如表 5.10 所示。

表 5.10　　　　　　　　　造纸企业水环境监管契约的执行内容取值表

| $\lambda$ | $F(q_1, \theta_1)^* = F(\delta q_1, \theta_1)^*$ /(万/次) | $F(\delta q_1, \theta_2)^* = F(q_1, \theta_2)^*$ /(万/次) | $\eta$ | $P(q_1)^*$ | $P(\delta q_1)^*$ | $S(q_1)^*$ /(万/月) | $S(\delta q_1)^*$ /(万/月) |
|---|---|---|---|---|---|---|---|
| 0.2 | 22.883 | 29.748 | 0.010 | 0.202 | 0.105 | 4.985 | 7.091 |
| | | | 0.100 | 0.222 | 0.116 | 4.985 | 7.091 |
| 0.6 | 9.633 | 12.523 | 0.010 | 0.644 | 0.183 | 4.979 | 7.085 |
| | | | 0.100 | 0.708 | 0.202 | 4.978 | 7.084 |

根据表 5.10 所示，地方政府将为这两个造纸企业设计具有两种选择的两类契约。

契约一为

$$[q_1^*, P(q_1)^*, S(q_1)^*, F(q_1, \theta_1)^*]$$

契约二为

$$[\delta q_1^*, P(\delta q_1)^*, S(\delta q_1)^*, F(\delta q_1, \theta_2)^*]$$

因此，在富春江流域工业水环境监管契约中的激励、约束、监督机制下，以公众参与 $\lambda = 0.2$，$\eta = 0.01$，要求实现企业的污染物排放标准 $q_1 = 40\text{mg/L}$ 的情况为例。

激励机制：企业选择此标准 $q_1 = 40\text{mg/L}$，将获得来自政府 $S(q_1) = 4.985$ 万元/月的环境补贴激励，这一环境补贴激励能够弥补企业选择积极参与诚信执行所支付的高成本，激励企业实现污染物的达标排放。

约束机制：此时地方政府水行政主管部门将以 $P(q_1) = 0.202$ 的概率对参加水污染排污权交易的企业进行环境监察；当企业违法偷排生产废水时，将面临 $F(q_1, \theta_1) = 22.883$ 万元/次的环境行政处罚。在环境监管 $P(q_1)$ 与环境行政处罚 $F(q_1, \theta_1)$ 共同作用下，约束企业的水污染排污权交易中的环境违法行为。

监督机制：此时地方政府及其环境行政主管部门对违法排污企业进行庇护恰好被公众参与发现并检举后，地方政府将受到 $F_a(q_1, \theta_1)$ 的中央政府处罚；企业偷排污水或地方政府庇护行为将受到 $\lambda = 0.2$ 公众参与等的社会性监督。

在以上三种机制的共同作用下，能够实现案例中造纸企业积极地完成生产废水处理任务、遵守环境法律法规，同时地方政府也能够放弃对企业的庇护，切实做到严格执法。

（2）模型计算结果分析。本书所设的参数中，$l$、$k$ 由企业水污染物特性、运营模式和生产流程等决定，$C_r$、$\gamma_i$ 由地方政府的现有技术、人员配置和主观偏好等决定，均与中央政策相关度较低，因此假定 $l$、$k$、$C_r$、$\gamma_i$ 不能因中央政策而改变。与之相比，公众参与程度 $\lambda$ 和地方政府庇护企业的概率 $\eta$ 因中央政策而改变相对较容易。因此，本书从公众参与程度 $\lambda$ 和地方政府对企业的庇护概率 $\eta$ 两个方面分析中央政策对工业水环境监管契约的影响，如表 5.10 所示。

首先，公众参与程度对契约结果的影响。契约一中，公众参与程度较低 $\lambda = 0.2$ 时的罚款额度 22.883 万元/次大于 $\lambda = 0.6$ 较高时的罚款额度 9.633 万元/次；契约二中，$\lambda = 0.2$ 时的罚款额度 29.748 万元/次大于 $\lambda = 0.6$ 时的罚款额度 12.523 万元/次。另外，由式

（3.28）计算得出：$\dfrac{\partial F\,(q_i,\ \theta_i)^*}{\partial \lambda} \leqslant 0$。因此得出以下结论。

结论一：社会公众及非政府组织对工业水环境监管的公众参与程度提高，可以使监管契约中的最优罚款额度降低。这个结论不仅为公众参与的效力给出了定量化的证明，而且在同样达到工业水环境监管契约的激励相容作用时，罚款额度的降低还能够削减地方政府与企业的矛盾，增加水环境执法的可行性和有效性。

其次当公众参与程度一定时，研究地方政府庇护企业的概率对工业水环境监管契约的影响。契约一中，当公众参与程度一定，如 $\lambda = 0.2$ 时，庇护概率较大 $\eta = 0.1$ 时的监管频率 0.222 大于庇护概率较小 $\eta = 0.01$ 时的监管频率 0.202；契约二中 $\lambda = 0.2$ 时，$\eta = 0.1$ 时的监管频率 0.116 大于 $\eta = 0.01$ 时的监管频率 0.105。补贴额度随庇护概率的降低有极微小的增量，故此处不做讨论。当 $\lambda = 0.6$ 时，可以得到类似的结论。另外，由式（3.28）计算得出：$\dfrac{\partial P\,(q_i)^*}{\partial \eta} > 0$，$\dfrac{\partial S\,(q_i)^*}{\partial \eta} < 0$。因此得出。

结论二：当公众参与程度及惩罚额度一定时，地方政府庇护企业概率的降低能够使工业水环境监管契约中的最优监管频率降低。由该结论可以得出，通过环境问责等制度降低地方政府庇护企业的程度，可以有效地减少工业水环境监管执行的人力、物力成本，减轻监管人员的工作强度、提高工作效率、节省财政支出、减轻政府经济压力等。

### 5.3.5  富春江流域造纸企业基于互惠性偏好的水环境监管契约设计

前文通过委托-代理模型对工业水环境监管机制的设计进行了理论分析，下面为了验证模型结果的有效性，并直观探究各个参数对模型结果的影响，对参数进行赋值，通过典型算例分析和关键参数的灵敏度分析，以期为工业水环境监管机制的设计提供参考依据。

假设工业水环境监管机制中的参数分别为：$\rho = 2.5$、$b = 1$、$l = 1$、$k = 1$、$\sigma^2 = 2$、$P = 0.1$、$C_r = 1$、$\bar{\omega} = 1$。计算得出基于纯粹自利偏好和互惠性偏好的工业水环境监管激励机制中的相关数值，见表 5.11。

表 5.11　　　　基于纯粹自利偏好和互惠性偏好的工业水环境监管激励机制

| 各 参 数 值 | 纯粹自利偏好 | 互惠性偏好 |
| --- | --- | --- |
| 最优努力程度 | 1.167 | 2 |
| 企业经济效益产出 | 1.167 | 2 |
| 企业环境效益产出 | 1.167 | 2 |
| 固定补贴 | 0.39 | 1.036 |
| 激励补贴系数 | 0.167 | 0.167 |
| 地方政府的期望收益 | 0.48 | 0.53 |

由表 5.11 可以得出：①在基于互惠性偏好的工业水环境监管激励机制作用下，企业会付出比纯粹自利偏好时更多的努力，同时也能产生更高的经济效益和环境效益，企业也将得到更多的固定补贴；②由计算过程可知，当确定性收入溢价 $\gamma \leqslant 0.348$ 时，企业存在互惠性偏好较纯粹自利偏好时，地方政府可获得更高的期望收益。因此，考虑企业互惠性

偏好的工业水环境监管模型设计，实现了帕累托改进。

在算例分析的基础上，为了完善该模型，需进一步分析模型关键参数的影响，探讨关键参数值的变化对模型的最优工业水环境监管激励合约及政府期望收益的影响，从而为工业水环境监管机制提供准确的方向。

上文工业水环境监管机制设计的关键参数中，由于 $\rho$、$b$ 和 $k$ 是由企业自身的特质决定的，并不影响模型分析的结论。因此，此处着重分析参数 $\gamma$、$l$、$\sigma^2$ 对地方政府期望收益和最优工业水环境监管合约的影响，取算例中的基础数值进行分析。

图 5.4 到图 5.6 给出了灵敏度分析图示，可以得出以下两方面的结论。

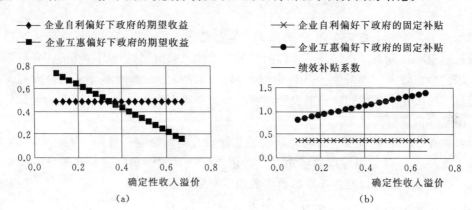

图 5.4　$\gamma$ 对地方政府期望收益和最优工业水环境监管合约的影响

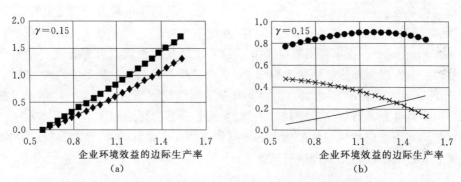

图 5.5　$l$ 对地方政府期望收益和最优工业水环境监管合约的影响

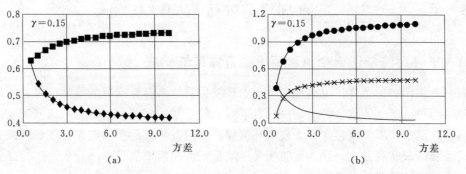

图 5.6　$\sigma^2$ 对地方政府期望收益和最优工业水环境监管合约的影响

（1）参数 $\gamma$、$l$、$\sigma^2$ 对地方政府期望收益的影响。图 5.4（a）显示，在确定性收入溢价 $\gamma$ 小于一定值（0.348）时，企业互惠偏好较纯粹自利偏好时地方政府的期望收益更高，且 $\gamma$ 越小收益越高，实现了帕累托改进。图 5.5（a）、图 5.6（a）的模拟结果同样证明了这个结论，在 $\gamma$ 小于一定值，如图 5.5（a）（$\gamma \leqslant 0.15$）、图 5.6（a）（$\gamma \leqslant 0.15$）时，均能实现地方政府期望收益的提升。

图 5.5（a）显示，随着企业环境效益的边际生产率 $l$ 的提高，地方政府的期望收益上升，且企业互惠偏好下地方政府期望提升得更快。这一结果说明，在环境效益产出较高时，基于互惠性偏好较基于自利性偏好的工业水环境监管机制设计更有优势，能够使政府获得更高的环境收益。

图 5.6（a）显示，随着方差 $\sigma^2$ 的增大，自利偏好下的政府期望收益降低而互惠偏好下的政府期望收益升高。在信息不对称的情况下，地方政府很难得到确切的企业环境效益产出，因此存在较大的方差值。图 5.6（b）显示，方差值较大即不确定性较大时，基于互惠性偏好的工业水环境监管机制设计能够使政府获得更高的收益，基于互惠性偏好的工业水环境监管机制更具优势。

（2）参数 $\gamma$、$l$、$\sigma^2$ 对最优工业水环境监管激励合约的影响。首先，从图 5.4（b）、图 5.5（b）及图 5.6（b）中可以清晰地看出，企业存在互惠性偏好时，基于互惠性偏好的工业水环境监管合约可以使企业获得更多的固定补贴。

其次，图 5.4（b）显示，随着确定性收入溢价的升高，企业获得的固定补贴会升高，绩效补贴系数不变。因此，存在一个使存在互惠性偏好企业获得最大固定补贴的确定性等价收益值（企业互惠性偏好值），即当 $\gamma = 0.348$ 时，企业获得最大的固定补贴 $\alpha^* + \delta = 1.084$，此时的激励补贴系数为 $\beta = 0.167$。

图 5.5（b）显示，边际环境效益产出因子 $l$ 使得互惠性固定补贴存在一个峰值。当 $l = 1.2$ 时，互惠性固定补贴达到最大为 0.905，而绩效补贴系数 $\beta$ 随着 $l$ 的增加持续走高。图 5.6（b）显示，随着 $\sigma^2$ 的增大，固定补贴在不同偏好下都会持续上升，但上升的速度会放缓。而绩效补贴系数则持续下降，且下降速度逐渐放缓。图 5.5（b）和图 5.6（b）的情况都使得基于互惠性偏好的最优水环境监管合约存在多种选择，政府可根据对固定补贴还是绩效补贴的不同侧重方向进行选择。

## 5.4 中央–地方–公众合作的富春江流域造纸企业 水环境监管体系构建

### 5.4.1 富春江流域造纸企业水环境监管体系的构成

通过上文内容对富春江流域现行工业水环境监管体系存在问题的梳理，可以发现目前依然是一种自上而下的监管形式，缺乏自下而上的监督。因此，在富春江流域工业水环境监管体系构建中，不仅要包含地方政府环境保护部门及相关部门的监控，还要增强上级政府的司法和行政监察以及公众参与的社会性监督，即构建中央–地方–公众合作的富春江流域工业水环境监管体系，详见图 5.7。

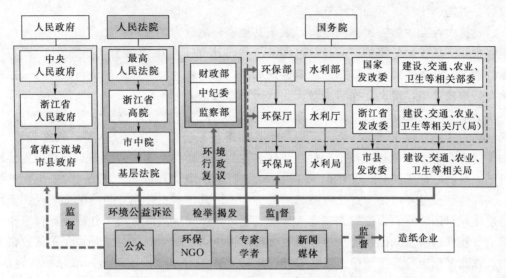

图 5.7  中央-地方-公众合作的富春江流域造纸企业水环境监管体系

如图 5.7 所示,中央-地方-公众合作的富春江流域工业水环境监管体系相对于现行的监管体系,做出了以下几个方面的改进。

(1) 将公众参与的社会性监督团体扩大至公众、环保 NGO、专家学者、新闻媒体,并且赋予他们环境行政复议的权力、环境公益诉讼的权力,以及检举揭发环境违法行为的权力。使他们能够对环保部门的渎职行为等进行监督,配合执法监察机构对渎职人员进行清查,以规范环境行政执法行为;能够对环境执法人员的徇私舞弊等进行曝光,并通过申诉、控告、检举、诉讼、行政复议等方式来维护自身的合法权益。公众参与是一个连续、双向的意见交换过程,增加公众了解政府监管执行和企业排污守法行为的途径,并确保有畅通的反映渠道,以便于将获取的环境违法行为及时反馈给社会和中央司法行政监管部门。

(2) 在监管体系中加入最高人民法院、浙江省高院、各市级中院及基层法院等在内的司法机构,接受来自富春江流域当地居民、专家学者、环保 NGO 及新闻媒体对当地政府环境舞弊行为的环境公益诉讼,并针对性地进行案件受理和判决,给公众提供环境公益诉讼的渠道。

(3) 在财政部、中纪委、监察部等在内的中央行政机构中设立环境信访部门,开设环境受贿渎职的举报专区,给公众提供对地方政府及环境执法人员滥用职权、玩忽职守、徇私舞弊的环境保护监督管理行为、监管不到位以及执行不力的情况以检举揭发的渠道。财政部、中纪委、监察部相互协作负责全国的监察工作,接受来自富春江流域当地居民、专家学者、环保 NGO 及新闻媒体对当地政府环境违法行为的检举揭发,并有针对性地对问题政府进行核实处理。

## 5.4.2  监管体系改进的可达性分析

为完善富春江流域工业水环境监管体系,本书从以上三个方面对其进行改进。那么这种改进是否能够实现,下面分别进行考证。

(1)扩大社会性监管团体的范围,赋予其更多环境权力的实现可能。浙江省各级政府也积极进行环境保护的宣传,并且已经在一些城市建立了环保圆桌会议制度。政府官员、企业负责人以及各界群众三方共同组成会议成员,定期就环境热点问题进行商谈,通过平等化对话达成共识,提出环保解决对策。让居民参与进去,不断学习、不断提高,培养了较好的公众参与的群众基础。再如,浙江省于 2002 年开始推行绿色社区建设活动,成立社区居民为主的环保志愿者队伍,开展各种各样的环保公益项目、社区环境教育等活动,调动了居委会建设绿色社区和公众参与环保事业的积极性。在这些公众参与和环境宣传的促进下,富春江流域的公众、环保 NGO、专家学者、新闻媒体都有着较强的环境保护意识,同时他们也是环境污染直接或间接的受害者,因此这些主体出于自身的环境保护意愿及环境维权目的,有动力参加到工业水环境监管工作中去。因此,富春江流域环保工作的开展有着较好的群众基础,公众能够规范合理地运用这些权力,参与到环境保护的监督工作中。在此基础上,还需要根据城乡差异、年龄差异等有针对性地进行环境保护的宣传,并通过建立原告奖励机制与诉讼费用合理承担机制,以进一步激励公众等社会性监督团体积极参与到环境行政复议、环境公益诉讼,以及检举揭发环境违法行为等环境环保工作中来。

(2)在监管体系中加入各级人民法院,赋予公众等环境公益诉讼权力的实现可能。环境公益诉讼不仅可以发挥法院在环境公益补救中的积极作用,还可以鼓励社会公众对政府环境行为的监督,促进公众参与环境保护。同时,它也被认为是环境执法的重要组成部分。遗憾的是,我国尚没有针对环境公益诉讼的立法,提起环境公益诉讼的法律依据缺失。浙江省做出了很多尝试,为环境公益诉讼的开展提供了实践支持。在此基础上,还需要从立法层面和司法层面上分别推进,适度放宽原告起诉资格和扩大起诉主体范围。

(3)在财政部、中纪委、监察部在内的中央行政机构中设立环境信访部门,给公众提供对地方政府及环境执法人员环境违法及不作为行为进行检举揭发的渠道。首先,财政部有对流域水污染防治专项转移支付资金的使用情况进行审查的职责;中纪委和监察部联合办公,有主管全国监察工作对各级政府、部门及其国家公务员等实施监察的职责。其次,这三个部委分别在其官方网站上开设了网上信访平台,为群众举报提供了现实渠道。因此,在现有职能及信访平台的基础上,设立环境专区接受环境经济犯罪、环境舞弊等问题的专项举报,具有现实可行性。

### 5.4.3 中央-地方-公众合作的富春江流域造纸企业水环境监管体系的效果

通过在富春江流域造纸企业水环境监管体系中,加入中央的司法与行政监督机构、社会性监督机制、扩大公众等社会性监督团体的权力范围等方式,改变地方政府的一元控制局面,削弱地方政府庇护企业违法排污的行为动机,建立由中央政府、地方政府、排污企业以及公众、环保 NGO、专家学者、新闻媒体等构成的中央-地方-公众合作的造纸企业水环境监管体系。

中央-地方-公众合作的监管体系形成了核心监管和辅助监管的双层监管结构,其中核心层面由富春江流域地方政府和造纸企业组成,成为工业水环境监管的直接参与主体;辅助层面由中央政府、公众、非政府组织和媒体等组成，监管地方政府的水环境行政执法以及企业减排的执行情况成为核心层面的一个有力约束。这两个层面的相关利益主体有机结合成一个高效的工业水环境监管组织体系。

同时，中央-地方-公众合作监管体系实现了中央政府及环境保护部-地方政府及水环境行政主管部门-排污企业这一自上而下的监管，以及公众等社会性监督团体-地方政府/排污企业-中央司法行政监督部门这一自下而上的监管，促成了双向监管机制的实现，有效保障了富春江流域造纸企业水环境监管的有效执行。

## 5.5 富春江流域造纸企业水环境监管对策建议

保障造纸企业水环境监管契约机制及体系在富春江流域的顺利实施，不仅仅要依靠地方环保部门的监控，更需要中央-地方-公众及企业自身的积极联动，增强上级政府的行政监察和公众参与的社会性监督，改变地方政府的一元控制局面，削弱地方政府庇护企业违规排污的行为动机，并通过严格有效的激励机制、科学合理的量化惩罚机制，共同确保各个排污企业严格遵守相应的规章制度和法律法规。

### 5.5.1 建立环境补贴的激励政策体系

为了激励企业积极主动地开展清洁生产，对水污染物处理设施进行提标改造，地方政府应当从以下几个面进行改进：应尽量建立起造纸水环境监管的激励机制；通过积极的培训和环境教育提高企业环境责任意识，引导企业打消对环保投资的顾虑；为企业的技术创新提供强大的技术支持，提高企业研发的成功概率；对积极削减排污总量及从事环保技术研究开发的企业，从税收、资金等方面予以减免和支持；完善环境补偿机制，形成一个完整的、操作性强的补偿政策体系；运用本书建立的工业水环境契约监管模型，科学设计环境补贴额度，降低补贴激励政策制定的随意性，杜绝补贴数额"拍脑袋"的确定方式；加强环境补贴政策的法制化管理，对补贴预算、资金分配、申请程序、实施监控等进行具体规定；注意针对不同地区、不同行业、不同企业的差异性，进行差异化的环境补贴，实现环境补贴机制的公平与高效。

### 5.5.2 加强环境监察执法能力

为了监督和惩罚企业的环境违法行为，从以下两个方面建立起工业水环境监管的约束机制：①环境司法行政监察方面，对企业进行不固定的环境监察，当发现环境违法行为时对其进行环境行政处罚；不断完善市、县级环保机构建设，形成从省、市环保局到区、县的水污染防控体系；加强基础设施、保障行政费用稳定、确保人员编制充分；加快环保机构建设，改善工作条件、加强执法建设、完善执法手段；强化队伍培训，建立全方位、多层次的人才培养长效机制，充分利用系统内外的教育资源，努力形成多层次、多渠道的培训格局，提高环境执法人员的业务能力；以环境监察工作考核和执法稽查为抓手，不断强化环境监察队伍的指导和监督。②环境行政处罚方面，对严重的环境违法行为和连续的环境违法行为的处罚，不仅要进行财产罚，还应适当进行能力罚和精神罚，如采取责令其停产停业或者暂扣其营业执照及相关许可证，直接督促行为人改正违法行为，进行通报批评以及"在媒体上公开"等方式。地方政府同样可以借鉴环境保护部设立"企业黑名单"的做法，向财政部、发改委等部门提交环境违法企业黑名单，并联合有关部门采取相应措施，迫使企业承担环境破坏责任，增强罚款设置的震慑性。

### 5.5.3　强化监管渎职的监督机制

在工业水环境监管契约机制的设计过程中，引入了中央的司法和行政监管、公众参与的社会性监督，加强对环境行政执法进行有效的监督，同时还需要建立事前监督和事后惩戒机制：①加强事前监督，通过公开政府环境监管机构及其人员的权力、权限和活动范围，公开听取各个方面关于环境政策和决策的意见建议，公开政府环境监管官员聘用、淘汰、升迁、撤职等细节，提高工业水环境监管权力行使过程的透明度。②加强事后惩戒，通过对政府监管官员的环境违法违纪行为严格查处，提高政府环境监管机构官员违法违纪行为的成本，使其成本期望值大于收益期望值；强化国家权力机关、司法机关对行政权的监督，使公众等社会性监督团体能够对地方政府的环境监管行为进行监督，并将其中发现的监管渎职行为向纪委监察部门检举揭发，即形成公众等社会性监督团体-地方政府-中央司法行政监督部门这一自下而上的监督形式。

### 5.5.4　构建基于互惠性偏好的契约监管制度

基于行为经济学的互惠性偏好理论，为工业水环境监管提供了微观经济理论基础，可以依据这一理论对工业水环境监管进行机制设计。在基于互惠性偏好工业水环境监管机制下，地方政府及环境行政主管部门的互惠性监管文化建设，能够显著地激发排污企业的互惠性非理性行为的发生，从而实现了基于互惠性偏好的战略管理功能。因此，对于地方政府及环境行政主管部门而言，互惠性监管文化的培育是实施互惠性管理战略的有效手段，从本源上对排污企业的互惠性行为进行激励和改造。地方政府需要设计科学合理的激励机制，为排污企业提供财政拨款、低息贷款等间接补贴，或减税、退税及特别扣除等间接补贴，作为对排污企业释放的互惠性信号，以激励排污企业开展生产废水治理、清洁生产工艺改造等行动，作为对更加努力开展减排活动作为回馈。基于互惠性偏好的工业水环境监管激励合约，给地方政府和排污企业都带来比基于纯粹自利偏好的监管合约更高的收益，能够实现帕累托改进。这种双方行为的友善性促成了互惠的结果，增加了双方的利益，特别是对于地方政府，这种额外的激励支出所带来的效率的增加极有可能超过支出，至少应在边际上能够进行弥补。同时，也可减少工业水环境监管中的矛盾和冲突，实现水污染防治工作的高效进行。

# 参 考 文 献

[ 1 ] 梁蕾. 我国环境法规执行效果的经济分析 [D]. 北京：华北电力大学，2010.

[ 2 ] 范小可. 我国政府环境执法现状及对策研究 [D]. 重庆：重庆大学，2007.

[ 3 ] 金帅，盛昭瀚，杜建国. 区域排污权交易系统监管机制均衡分析 [J]. 中国人口. 资源与环境，
2011，21 (3)：14 - 19.

[ 4 ] 顾晓彬，沈德富. 市级环境监管机制现状分析与对策研究 [J]. 环境与可持续发展，2008 (5)：
60 - 63.

[ 5 ] 胡巍. 国税系统财务监管的理论依据：基于委托代理理论的思考 [J]. 湖南税务高等专科学校学
报，2008，21 (2)：13 - 15.

[ 6 ] 王湘军. 电信业政府监管研究 [M]. 北京：知识产权出版社，2009.

[ 7 ] 卡罗尔·哈洛，理查德·罗林斯. 法律与行政 [M]. 北京：商务印书馆，2004.

[ 8 ] Kahn. The economics of regulation: principles and institutions [M]. New York: Wiley，1971.

[ 9 ] 约翰·伊特韦尔，默里·米尔盖特，彼得·纽曼. 新帕尔格雷夫经济学大辞典 [M]. 北京：经济
科学出版社，1992.

[10] Stigler G. J. Comment on Joskow and Noll，in G. Fromm eds，Studies in Public Regulation，Cam-
bridg [M]. The MIT Press，1981.

[11] 植草益. 微观规章经济学 [M]. 北京：中国发展出版社. 1992.

[12] 王恒炎. 我国电力企业环境污染的监管分析及对策研究 [D]. 重庆：重庆大学，2008.

[13] 丹尼尔·F. 史普博. 管制与市场 [M]. 上海：上海人民出版社，1999.

[14] OMB，OIRA. The regulatory plan and the unified agenda of federal regulations [M]. Washington：
Government Printing Office，2001.

[15] 傅英略. 对监管者进行监管的理论分析 [J]. 长白学刊，2008 (2)：87 - 89.

[16] 宋慧宇. 行政监管权研究 [D]. 长春：吉林大学，2010.

[17] 陈富良. 利益集团博弈与管制均衡 [J]. 当代财经，2004 (1)：22 - 28.

[18] Becker. G. A theory of competition among pressure groups for political influence [J]. Quarterly
Journal of Economics，1983，98 (3)：371 - 400.

[19] 淦晓磊，张群. 基于"公共利益监管理论"两个假设修正提出的政府监管有效性理论 [J]. 经济
研究导刊，2009 (4)：214 - 215.

[20] 安德烈·施莱弗，罗伯特·维什尼，赵红军. 掠夺之手 [M]. 北京：中信出版社，2004.

[21] 拉古拉迈·拉詹，路易吉·津加莱斯. 从资本家手中拯救资本主义 [M]. 北京：中信出版
社，2004.

[22] Baron，R-Myerson. Regualtion a Monopoly with Unknown Cost [J]. Econometrica，1982，55
(9)：11 - 30.

[23] Tirole J，Laffont J. Using cost observation to regulate firms [J]. The Journal of Political Economy，
1986，94 (3)：614 - 654.

[24] Wilson R. The structure of incentives for decentralization under uncertainty [M]. La Decision，1969.

[25] Spence M，R Zeckhauser. Insurance，information and individual action [J]. American Economic
Review，1971 (61)：380 - 387.

[26] Ross S. The Economic theory of agency: the principal's problem [J]. American Economic Review，

1973，(63)：134－139.

[27]　Mirrless J. Notes on welfare economics，information and uncertainty，in：essays on economic behavior under uncertainty ed [R]. Michael Balch. North-Holland，1974.

[28]　Mirrless J. The optimal structure of authority and incentives within an organization [J]. Bell Journal of Economics，1976 (7)：105－131.

[29]　Holmstrom B. Moral hazard and observability [J]. Bell Journal of Economics，1979，10 (2)：74－91.

[30]　Holmstrom B. Moral hazard in teams [J]. Bell Journal of Economics，1982 (13)：324－340.

[31]　Grossman S J，Hart O D. An analysis of the principal-agent problem [J]. Econometrica，1983，51 (1)：7－45.

[32]　Sappington D. Incentives in principal-agent relationships [J]. Journal of Economic Perspectives，1991 (5)：45－66.

[33]　张维迎. 博弈论与信息经济学 [M]. 上海：上海人民出版社，2007.

[34]　Hurwicz L. Optimality and informational efficiency in resource allocation process [Z]. Mathematical Methods in the Social Sciences. Arrow，K，Karlin S，and Suppes P. (Eds). Stanford：Stanford University Press. 1960.

[35]　Groves T. Incentive in teams [J]. Econometrica，1973，41 (4)：617－647.

[36]　Loeb M，Magat. W. A decentralized method of utility regulation [J]. Journal of Law and Economics. 1979，22 (2)：399－404.

[37]　傅英略. 激励相容：中国有效银行监管机制构建研究 [D]. 长春：吉林大学，2007.

[38]　Baron D，Myerson R. Regulating a monopolist with unknown costs [J]. Econometrica，1982，50 (4)：911－940.

[39]　Laffont J. J，Tirole J. A theory of incentives in procurement and regulation [M]. Cambridge，MA：The MIT Press，1993.

[40]　Laffont J，Zantman W. Information acquisition，political game and the delegation of authority [J]. European Journal of Political Economy，2002，18 (3)：407－428.

[41]　Uri N. Measuring the impact of incentive regulation on technical efficiency in telecommunications in the United States [J]. Applied Mathematical Modelling，2004，28 (3)：255－271.

[42]　Schüler，M. Incentive Problems in Banking Supervision—The European Case [Z]. ZEW Discussion Paper，2003.

[43]　Ai Chunrong，Sappington D. Reviewing the impact of incentive regulation on U. S. telephone service quality [J]. Utilities Policy，2005，13 (3)：201－210.

[44]　Jamasb T，Pollitt M. Incentive regulation of electricity distribution networks：Lessons of experience from Britain [J]. Energy Policy，2007，35 (12)：6163－6187.

[45]　马严，沈学优，林道辉. 企业治污的委托-代理机制初探 [J]. 环境污染与防治，2000，22 (4)：17－19.

[46]　陈德湖，蒋馥. 环境治理中的道德风险与激励机制 [J]. 上海交通大学学报，2004，38 (3)：466－469.

[47]　秦旋. 不对称信息下工程建设监理制度中的激励模型分析 [J]. 华侨大学学报，2005，(1)：41－46.

[48]　秦旋. 工程监理制度下的委托-代理博弈分析 [J]. 中国软科学，2004，160 (4)：142－146.

[49]　秦旋. 工程监理委托代理关系中激励约束与参与约束的研究 [J]. 中国工程科学，2007，4 (9)：45－49.

[50]　曹玉贵. 工程监理制度下的委托代理分析 [J]. 系统工程，2005 (1)：33－36.

[51]　Myers J H，Alpert M I. Determinant Buying Attributes：Meaning and Measurement [J]. Marking，

1968，32 (10)：13 - 201

[52] Perrow C. Complex organizations：a critical essay [M]. 3rd ed. New York：Roadom House，1986.

[53] Samuelson P A. Altruism as a problem involving group versus individual selection in economics and biology [J]. American Economic Review. 1993，83 (2)，143 - 148.

[54] Sen，A K. Rationality and social choice [J]. American Economic Review，1995，85：1 - 24.

[55] Akerlof G A. Labor contracts as a partial gift exchange [J]. Quarterly journal of Economics，1982，96 (4)：543 - 569.

[56] Andreoni J，Miller J H. Rational cooperation in the finitely repeated prisoners' dilemma：experimental evidence [J]. Journal of Economic，1993，103：570 - 585.

[57] Camerer C，Thzler R. Anomalies：ultimatums，dictators，and manners [J]. Journal of Economic Perspectives，1995，9 (2)：209 - 219.

[58] BERG J，DICKHAUT J，MCCABE K. Trust，reciprocity and social history [J]. Games and Economic Behavior，1995，10 (1)：122 - 142.

[59] FEHR E，GACHER S. Cooperation and punishments in public goods experiments [J]. American Economic Review，2000，90 (4)：980 - 994.

[60] FEHR E，FISCHBACHER U. Why social preferences matter-the impact of non-selfish motives on competition，Cooperation and Incentives [J]. Economic Journal，2002，112：980 - 994.

[61] 刘良灿，张同健. 论"互惠性"假设对"经济人"假设的非理性冲击——基于委托代理模型的分析 [J]. 技术经济与管理研究，2011，(5)：6 - 10.

[62] Becher G S. A theory of social interaction [J]. Journal of Political Economy，1974，82 (6)：1063 -1093.

[63] Rabin M. Incorporating fairness into game theory and economics [J]. The American Economic Review，1993，83 (5)：1281 - 1302.

[64] Charness G，Rabin M. Understanding social preferences with simple tests [J]. Quarterly Journal of Economics，2002，117 (3)：817 - 869.

[65] Dufwenberg M，Kirchsteiger G. A theory of sequential reciprocity [J]. Games and Economic Behavior，2004，47：268 - 298.

[66] Falk A，Fischbacher U. A theory of reciprocity [J]. Games and Economic Behavior，2006，54 (2)：293 - 315.

[67] Segal U，Sobel J. Tit for tat：foundations of preferences for reciprocity in strategic settings [J]. Journal of Economic Theory，2007，136 (1)：197 - 216.

[68] 蒲勇健. 植入"公平博弈"的委托-代理模型——来自行为经济学的一个贡献 [J]. 当代财经，2007 (3)：5 - 11.

[69] 蒲勇健. 建立在行为经济学理论基础上的委托代理模型：物质效用与动机公平的替代 [J]. 经济学，2007，7 (1)：297 - 318.

[70] 王勇，徐鹏. 考虑公平偏好的委托模式融通仓银行对 3PL 激励 [J]. 管理工程学报，2010，24 (1)：95 - 100.

[71] 马利军. 具有公平偏好成员的两阶段供应链分析 [J]. 运筹与管理，2011，20 (2)：38 - 40.

[72] 陈畴镛，黄贝拉. 互惠性偏好下的供应链金融委托代理模型比较研究 [J]. 商业经济与管理，2015，290 (12)：52 - 60.

[73] REY-BIEL P. Inequity aversion and team incentives [J]. Journal of Economics，2008，110 (2)：297 - 320.

[74] 钱峻峰，蒲勇健. 基于互惠视角的团队协作激励机制博弈分析 [J]. 科技进步与对策，2011，16：138 - 141.

[75] HUCK S, Rey-Biel P. Endogenous leadership in teams [J]. Journal of Institutional and Theoretical Economics, 2006, 162 (2): 253 – 261.

[76] 魏光兴, 彭京玲, 蒲勇健. 互惠偏好下基于不同博弈时序的团队激励与效率比较 [J]. 重庆大学学报, 2015, 21 (4): 65 – 72.

[77] 王立宏. 基于不完全合约的企业内部互惠机制研究 [J]. 辽宁大学学报, 2011 (4): 93 – 99.

[78] 陈畴镛, 黄贝拉. 互惠性偏好下的供应链金融委托代理模型比较研究 [J]. 商业经济与管理, 2015, (12): 52 – 60.

[79] 陈叶烽, 叶航. 超越经济人的社会偏好理论: 一个基于实验经济学的综述 [J]. 南开经济研究, 2012 (1): 63 – 65.

[80] FEHR E, Schdmit K. A Theory of Fairness, Competition and Cooperation [J]. Quarterly Journal of Economics, 1999, 114 (3): 820 – 840.

[81] 李训, 曹国华. 基于公平偏好理论的激励机制研究 [J]. 管理工程学报, 2008, 22 (2): 108 –110.

[82] 刘敬伟, 基于互惠性偏好的委托代理理论及其对和谐经济的贡献 [D]. 重庆: 重庆大学经济与工商管理学院, 2010: 15 – 40.

[83] 袁茂, 雷勇, 蒲永健. 基于公平偏好理论的激励机制与代理成本分析 [J]. 管理工程学报, 2011, 25 (2): 82 – 85.

[84] Gray, W, Shadbegian R. Plant vintage, technology, and environmental regulation [J]. Journal of Environmental Economics and Management, 2003, 46 (3): 384 – 402.

[85] Porter M, van der Linde C. Toward a new conception of the environment competitiveness relationship [J]. Journal of Economic Perspectives, 1995, 9 (4): 97 – 118.

[86] Laplante B, Rilstone P. Environmental inspections and emissions of the pulp and paper industry in Quebec [J]. Journal Environmental Economics and Management, 1996, 31 (1): 19 – 36.

[87] Nadeau L. EPA effectiveness at reducing the duration of plant-level non-compliance [J]. Journal Environmental Economics and Management, 1997, 34 (1): 54 – 78.

[88] Gray W, Deily M. Compliance and enforcement: Air pollution regulation in the U. S. steel industry [J]. Journal Environmental Economics and Management, 1996, 31 (1): 96 – 111.

[89] Magat, W A, Visucusi, W K. Effectiveness of the EPA'S Regulatory Enforcement: the Case of Industrial Effluent Standards [J]. Journal of Law and Economics, 1990, (33): 331 – 360.

[90] Laplante, B, Rilstone, P. Environmental Inspections and Emissions of the Pulp and Paper Industry in Quebec [J]. Journal of Environmental Economics and Management, 1996 (31): 19 – 36.

[91] Grossman G, Kruger A. Environmental impact of a north American free trade agreement [D]. Princeton: Princeton University, 1991.

[92] Avenhaus R. Monitoring the emission of pollutants by means of the inspector leadership method [A]. Pethig R. Conflicts and Cooperation in Managing Environmental Resources [C]. Springer-Verlag, Berlin, 1992: 241 – 268.

[93] Malik A. S. Self-reporting and the design of policies for regulating stochastic pollution [J]. Journal Environmental Economics and Management, 1993, 24: 241 – 257.

[94] Wiedemann P. M. Femers, S. Public participation in water management decision making: Analysis and management of conflicts [J]. Journal of Hazardous Materials, 1993 (33): 355 – 368.

[95] Liping Fang, Hipel W, Kilgour M. How penalty affects enforcement of environmental regulations [J]. Applied Mathematics and Computation, 1997, 83 (2): 281 – 301.

[96] Merrett S. Industrial effluent policy: economic instruments and environmental regulation [J]. Water Policy, 2000, 3: 201 – 211.

[97] Skinner W, Joseph E, Kuhn G. Social and environmental regulation in rural China: bringing the changing role of local government into focus [J]. Geoforum, 2003, 34 (2): 267 - 281.

[98] Goldar B, Banerjee N. Impact of informal regulation of pollution on water quality in rivers in India [J]. Journal of Environmental Management, 2004, 73: 117 - 130.

[99] 赵来军, 李旭, 朱道立, 等. 流域跨界污染纠纷排污权交易调控模型研究 [J]. 系统工程学报, 2005, 20 (4): 398 - 403.

[100] 熊鹰, 徐翔. 政府环境监管与企业污染治理的博弈分析及对策研究 [J]. 云南社会科学, 2007 (4): 60 - 63.

[101] 谢永刚, 孙亚男. 水污染灾害的政府监管与企业治污博弈分析——松花江流域案例研究 [J]. 自然灾害学报, 2009 (3): 95 - 98.

[102] 林云华, 冯兵. 我国排污权交易市场的管制政策研究 [J]. 农村经济与科技, 2008, 19 (12): 48 -49.

[103] 刘富春. 紧紧围绕环境监管重点切实加强环保能力和制度建设 [J]. 环境保护, 2008 (3): 36 -38.

[104] 任玉珑, 王恒炎, 刘贞. 环境监管中的合谋博弈分析与防范机制 [J]. 统计与决策, 2008 (17): 45 - 47.

[105] 吴志军. 环境监管中的博弈分析 [J]. 经济师, 2008 (11): 214 - 215.

[106] 曾贤刚, 程磊磊. 不对称信息条件下环境监管的博弈分析 [J]. 经济理论与经济管理, 2009, (8): 56 - 59.

[107] Viaggi D, Bartolini F, Raggi M. Combining linear programming and principal - agent models: An example from environmental regulation in agriculture [J]. Environmental Modeling & Software, 2009, 24 (6): 703 - 710.

[108] Ren Y. L, Fu S. J. A quantitative model of regulator's preference factor (RPF) in electricity-environment coordinated regulation system [J]. Energy, 2010, 35: 5185 - 5191.

[109] Beavis, B, Dobbs, L. Firm behavior under Regulatory Control of Stochastic Environmental Wastes by Probabilistic Constraints [J]. Journal of Environmental Economics and Management, 1987 (15): 112 - 127.

[110] Afsah S, Laplante B, Wheeler D. Controlling Industrial Pollution: A New Paradigm [R]. The World Bank, Policy Research Department, Environment, Infrastructure, and Agriculture Division, 1996.

[111] Plaut J. Industry environmental processes: beyond compliance [J]. Technology in society, 1998, 20 (4): 469 - 479.

[112] Dasgupta S, Laplante B, Mamingi N, et al. Inspections, pollution prices, and environmental performance: Evidence from China [J]. Ecological Economy, 2001, 36 (3): 478 - 498.

[113] Antweiler W, Harrison K. Environmental Information, Consumers, and Workers: Economic Theory and Canadian Evidence [C]. Working Paper, University of British Columbia, 2000.

[114] Ronaldo Seroa da Motta. Determinants of Environmental Performance in the Brazilian Industrial Secto [R]. The Inter-American Development Bank for the Environmental Policy Dialogue, 2003, 12.

[115] Cason T. N, Gangadharan L. Emissions variability in tradable permit markets with imperfect enforcement and banking [J]. Journal of Economic Behavior and Organization, 2006, 61 (2): 199 -216.

[116] Testa F, Iraldo F, Frey M. The effect of environmental regulation on firms' competitive performance: The case of the building & construction sector in some EU regions [J]. Journal of Environ-

mental Management，2011，92（9）：2136－2179.

[117] 汪涛，叶元煦. 政府激励企业环境技术创新的初步研究［J］. 中国人口·资源与环境，1998，（1）：77－80.

[118] 马小明，赵月炜. 环境管制政策的局限性与变革——自愿性环境政策的兴起［J］. 中国人口·资源与环境，2005，15（6）：19－23.

[119] 刘小峰，程书萍，盛昭瀚. 一类污水处理项目的运营与排污者行为动态分析［J］. 中国管理科学，2011，19（3）：79－87.

[120] Helfand G. E. Standards versus standards：The effects of different pollution restrictions［J］. American Economic Review，1991，81（3）：622－634.

[121] Arora S，Gangopadhyay S. Toward a theoretical model of voluntary over compliance［J］. Journal of Economic Behavior and Organization，1995，28（3）：289－309.

[122] Scott. J. T. Schumpeterian competition and environmental R&D［J］. Managerial and Decision Economics，1997（18）：455－469.

[123] Harford J. Firm ownership patterns and motives for voluntary pollution control［J］. Managerial and Decision Economics，1997，18（6）：421－431.

[124] Brooks，N，Sethi R. The distribution of pollution：community characteristics and exposure to air toxics［J］. Journal of Environmental Economics and Management，1997，32（2）：233－250.

[125] Lear K. K. An empirical examination of EPA administrative penalties［D］. Worling Paper，Kelley School of Business，Indiana University，1998.

[126] Stranlund J. K，Dhanda K. K. Endogenous monitoring and enforcement of a transferable emissions permit system［J］. Journal of Environmental Economics and Management，1999，38：267－282.

[127] Lundgren T. A real options approach to abatement investments and green goodwill［J］. Environmental and Resource Economics，2003，25（1）：17－31.

[128] Moon S. G. Corporate environmental behaviors in voluntary programs：does timing matter?［J］. Social Science Quarterly，2008，89（5）1102－1120.

[129] Lin C. Y，Ho Y. H. The influences of environmental uncertainty on corporate green behavior：an empirical study with small and medium-size enterprises［J］. Social Behavior and Personality，2010，38（5）691－696.

[130] 张伟丽，叶民强. 政府、环境部门、企业环保行为的动态博弈分析［J］. 生态经济，2005，6（2）：60－64.

[131] 李芳，黄桐城，顾孟迪. 排污权交易条件下有效控制厂商违规排污行为的机制［J］. 系统工程理论方法应用，2006，15（6）：495－498.

[132] 卢方元. 环境污染问题的演化博弈分析［J］. 系统工程理论与实践，2007，8（9）：148－152.

[133] 李寿德，郭俊华，顾孟迪. 基于跨期间排污权交易的厂商污染治理成本控制策略［J］. 系统管理学报，2009，18（3）：297－301.

[134] 朱庚申. 环境管理学［M］. 北京：中国环境科学出版社，2001.

[135] 黄民礼. 信息不对称、主体行为与环境规制的有效性［D］. 广州：暨南大学，2008.

[136] 曾国安. 管制、政府管制与经济管制［J］. 经济评论，2004（1）：93－103.

[137] 宋国君，韩冬梅，王军霞. 完善基层环境监管体制机制的思路［J］. 环境保护，2010，（13）：17－19.

[138] 王春雷. 基于有效管理模型的重大事件公众参与研究［D］. 上海：同济大学，2008.

[139] Freeman E，Reed D. Stockholders and stakeholders：a new perspective on corporate governance［J］. California Management Review，1983，25（3）：88－106.

[140] 李瑛，康德颜，齐二石. 政策评估的利益相关者模式及其应用研究［J］. 科研管理，2006，27

(2)：51－56.

[141] Chen C，Asce F. Herr J，et al. Decision support system for stakeholder involvement [J]. Journal of Environmental Engineering-Asce. 2004，130（6）：714－721.

[142] 王锡锌. 公众参与和行政过程——一个理念和制度分析的框架 [M]. 北京：中国民主法制出版社，2007.

[143] 肖巍，钱箭星. 环境治理中的政府行为 [J]. 复旦学报，2003（3）：77－77.

[144] 王怡. 环境规制有关问题研究——基于 PDCA 循环和反馈控制模式 [D]. 成都：西南财经大学，2005.

[145] 余瑞祥，朱清. 企业环境行为研究的现在与未来 [J]. 工业技术经济，2009，28（8）：2－6.

[146] 张嫚. 环境规制约束下的企业行为 [M]. 北京：经济科学出版社，2006.

[147] 弗兰克·G 戈布尔. 第三思潮——马斯洛心理学 [M]. 上海：上海译文出版社，2006.

[148] 陈德敏，霍亚涛. 我国节能减排中的公众参与机制研究 [J]. 科技进步与对策，2010，27（6）：86－89.

[149] 郑庆宝. 从环保 NGO 的发展看公众环境意识的觉醒 [J]. 环境保护，2009（19）：30－31.

[150] 叶林顺. 环保非政府组织的作用和定位 [J]. 环境科学与技术. 2006，29（1）：61－63.

[151] 张维迎. 博弈论与信息经济学 [M]. 上海：上海人民出版社，2004.

[152] 张青. 基于契约关系的风险投资运作机制与投资决策研究 [D]. 天津：天津大学，2008.

[153] Sappington D E M，Stiglitz J E. Privatization，information and incentives [J]. Journal of Policy Analysis & Management，1987，6（4）：585.

[154] 让-雅克·拉丰，让·梯诺尔. 政府采购与规制中的激励理论 [M]. 上海：上海人民出版社，2004.

[155] Gibbons R. Game theory for applied economists [M]. New Jersey：Princeton University Press，1992.

[156] 王琪，张德贤. 志愿协议：一种新型的环境管理模式探析 [J]. 中国人口·资源与环境，2001（11）：142－143.

[157] 周孜予，周玉华. 论环境行政合同制度 [J]. 黑龙江省政法管理干部学院学报，2004（3）：31－33.

[158] 赵美珍. 中国环境监管体系建设：模式构想与结构分析 [J]. 常州大学学报，2011，12（2）：16－20.

[159] 陈雯，Dietrich Soyez，左文芳. 工业绿色化：工业环境地理学研究动向 [J]. 地理研究，2003，22（5）：601－608.

[160] 王京芳，周浩，曾又其. 企业环境管理整合性架构研究 [J]. 科技进步与对策，2008，25（12）：147－150.

[161] Clark M. Corporate environmental behavior research：informing environmental policy [J]. Structural Change and Economic Dynamics，2005，16（3）：422－431.

[162] Liu K，Li J A，Wu Y，et al. Analysis of monitoring and limiting of commercial cheating a news-vendor model [J]. Journal of the Operational Research Society，2005，56（7）：844－854.

[163] Liu K，Li J. A，Lai K. K. Single period，single product newsvendor model with random supply shock [J]. European Journal of Operational Research，2004，158：409－425.

[164] 李云雁. 企业应对环境管制的战略与技术创新行为 [D] 杭州：浙江工商大学，2010.

[165] Roome N. Modeling business environmental strategy [J]. Business Strategy and the Environment，1992，1（1）：11－12.

[166] Sharma S. Managerial interpretations and organizational context as predictors of corporate choice of environmental strategy [J]. Academy of Management Journal，2000，43（4）：681－697.

[167] Hart S. L. A natural-resource-based view of the firm [J]. Academy of Management Review，1995，

20 (4)：986 - 1014.

[168] Aragon-Correa J. A. Strategic proactivity and firm approach to the natural environment [J]. Academy of Management Journal，1998，41 (5)：556 - 567.

[169] 姚爱萍. 环境补贴对国际贸易的影响及我国应采取的对策 [J]. 世界贸易组织动态与研究，2005 (4)：29 - 32.

[170] 席涛. 谁来监管美国的市场经济 [J]. 国际经济评论，2005 (1)：5 - 13.

[171] 李斌. 基于可持续发展的我国环境经济政策研究 [D]. 青岛：中国海洋大学，2007.

[172] 杨家威. 低碳经济中政府补贴的博弈分析 [J]. 商业研究，2010 (8)：109 - 112.

[173] 陈芬娟. 福建省建设项目环境监察的现状与措施 [J]. 海峡科学，2008 (6)：77 - 78.

[174] 黄俊杰. 珠海市污染行业的环境监察研究 [D]. 广州：暨南大学，2010.

[175] 韩德培. 环境保护法教程 [M]. 北京：法律出版社，1998.

[176] 陈泉生. 环境法原理 [M]. 北京：法律出版社，1997.

[177] 杨延华. 论环境行政处罚 [J]. 环境保护，1992 (8)：25 - 27.

[178] 陆新元，Daniel J，Dudek，秦虎，等. 环境违法经济处罚设定研究 [J]. 环境保护，2007 (12)：33 - 37.

[179] 汪劲，严厚福. 《水污染防治法》修订：应当建立何种性质的按日连续处罚制 [J]. 环境保护，2007，386 (12)：38 - 40.

[180] 朱谦. 公众环境保护的权利构造 [M]. 北京：知识产权出版社，2008.

[181] 唐萌. 逆向互动式公众参与理念 [D]. 长春：吉林大学，2009.

[182] 戴京，隋兆鑫. 环境保护的公众参与现状、问题及对策 [J]. 环境保护，2008，398 (6)：57 - 59.

[183] 周红格，任孝东. 民族地区环境保护中公众参与机制的完善 [J]. 前沿，2009 (12)：80 - 82.

[184] Ha A Y, Tong S. Revenue Sharing Contracts in a Supply Chain with Uncontractible Actions [J]. Naval Research Logistics，2008，55：419 - 431.

[185] 范俊荣. 浅析我国的环境问责制 [J]. 环境科学与技术，2009，32 (6) 185 - 188.

[186] 康琼. 政府环境管理中的事权分析 [J]. 湖南商学院学报，2006，13 (6)：29 - 32.

[187] 宣兆凯. 论以可持续伦理为基础的休闲 [J]. 自然辩证法研究，2003 (9)：15 - 16.

[188] 席涛. 政府监管影响评估分析：国际比较与中国改革 [J]. 中国人民大学学报，2007 (4)：16 - 24.

[189] 许继芳. 建设环境友好型社会中的政府环境责任研究 [D]. 苏州：苏州大学，2010.

[190] 王资峰. 中国流域水环境管理体制研究 [D]. 北京：中国人民大学，2010.

[191] 黄锡生，张雪. 建设资源节约型环境友好型社会中政府行为的规制研究 [J]. 重庆大学学报，2007，13 (2)：49 - 49.

[192] 陈庆云. 公共政策分析 [M]. 北京：中国经济出版社，1996.

[193] 潘岳. 环保指标与官员政绩考核 [J]. 环境经济，2004 (5)：12 - 15.

[194] 潘岳. 谈谈绿色 GDP [J]. 环境经济，2004 (4)：23 - 26.

[195] 张雨潇，张略钊. 绿色 GDP 作为干部政绩考核标准的可行性分析 [J]. 领导科学，2010 (4)：31 - 33.

[196] 徐寅杰. 我国政府环境保护部门垂直管理的探索 [D]. 北京：北京林业大学，2011.

[197] 葛俊杰. 利益均衡视角下的环境保护公众参与机制研究 [D]. 南京：南京大学，2011.

[198] 宋言奇. 江苏省环保事业公众参与的状况与思考 [J]. 苏州大学学报，2010 (5)：47 - 50.

[199] 陈昕. 基于有效管理模型的环境影响评价公众参与有效性研究 [D]. 长春：吉林大学，2010.

[200] 陈书全. 论我国环境信息公开制度的完善 [J]. 东岳论丛，2011，32 (12)：158 - 162.

[201] 王鹏祥. 论我国环境公益诉讼制度的构建 [J]. 湖北社会科学，2010 (3)：154 - 157.

[202] 张翼，卢现祥. 公众参与治理与中国二氧化碳减排行动 [J]. 中国人口科学，2011 (3)：64 - 72.

[203] 肖宏. 环境规制约束下污染密集型企业越界迁移及其治理 [D]. 上海：复旦大学，2008.

[204] 邢嘉. 我国环境保护中的公众参与制度研究 [D]. 长春：吉林大学，2011.

[205] 石秀选，吴同. 论当前我国环境 NGO 存在的问题和完善的对策 [J]. 南方论刊，2009 (4)：
36 - 36.

[206] 生态文明引领转型发展 [J]. 浙江经济，2014 (6)：1 - 1.

[207] 梁永红. 治水倒逼促转型生态兴农美田园——浙江省"五水共治"和农业水环境治理的经验和启
示 [J]. 江苏农村经济，2015 (9)：42 - 44.

[208] 张亮. 依法行政的政策动力及其规范解释——基于"五水共治"政策的分析 [J]. 社会科学家，
2016 (8)：109 - 113.

[209] 新华网. "绿水青山就是金山银山"在浙江的探索和实践 [EB/OL]. http：//www. xinhuanet.
com/fortune/2015 - 02/28/c _ 1114474192. htm. 2015 - 2 - 28.

[210] 网易新闻. 绿水青山怎样才能变成金山银山 [EB/OL]. http：//news. 163. com/15/0810/06/
B0KTHLDQ00014AEF. html. 2015 - 08 - 10.

[211] 周树勋，任艳红. 浙江省排污权交易制度及其对碳排放交易机制建设的启示 [J]. 环境污染与防
治，2013，35 (6)：101 - 105.

[212] 黄冠中，卢瑛莹，陈佳. 浙江省排污权交易现状分析及对策研究 [J]. 环境与可持续发展，2015
(3)：93 - 96.

[213] 俞华丽. 循环经济助推富阳纸业转型升级 [J]. 中华纸业，2010 (7)：18 - 23.

[214] 胡修靖. 杭州市富阳区造纸行业的现状与未来——富阳造纸行业简要分析 [J]. 商，2015 (7)：
251 - 251，218.

[215] 中国杭州. 着力发展循环经济 全面推进转型升级 打造绿色生态发展的"杭州模式" [EB/OL].
http：//www. hangzhou. gov. cn/art/2017/9/27/art _ 812262 _ 11140401. html. 2017 - 9 - 27.

[216] 富阳第四家造纸大集团成立 [J]. 纸和纸板，2016，35 (9)：47 - 47.

[217] 中国纸业网. 富阳造纸：前世之因后世之势 [EB/OL]. http：//www. chinapaper. net/news/
show - 26195. html. 2018 - 02 - 23.

[218] 李胜，徐海艳，戴岱. 我国中小企业的环境战略及其选择 [J]. 生态经济，2008 (10)：64 - 66.

[219] 阮俊华. 区域环境污染经济损失评估 [D]. 杭州：浙江大学，2001.